열대과일 시리즈 Ⅵ

망고스틴

Mangosteen

열대과일 시리즈 VI

망고스틴

Mangosteen

안영상 · 김인석 · 박준근

Y. S. Ahn, I. S. Kim, J. K. ParK

전남대학교출판부

서 문

지난 1백년간 지구 전체의 평균 기온은 0.6°C 상승하였지만 한반도는 이보다 2.5배나 높은 1.5°C 상승했다고 최근 정부의 국정브리핑에서 밝힌 바 있다. 한국의 온난화 현상이 다른 지역보다 급속하게 진행되고 있다는 것이다. 그럼에도 불구하고 우리나라에서는 기후변화에 따른 이상 현상을 직접 목격하지 못하고 있기 때문에 실감하지 못하고 있는 듯하다. 간접적인 방법이나 간헐적이고 체계적이지 못한 기후변화 소식으로는 지구에 기후변화가 오고 있다는 것을 느끼는 데는 한계가 있는 것 같다.

기상청 보고에 의하면 지구의 온난화에 의해 한국의 농업지도가 아열대로 바뀌어 간다고 한다. 즉 한반도의 기후가 변하여 농작물의 재배지가 북상하고 있는 것이다. 예를 들어, 복숭아의 재배지는 경북 경산에서 강원도 춘천으로 상향하였고, 녹차는 전남 보성에서 강원도 고성지역까지 재배되고 있다. 또한, 제주의 한라봉이 전남의 고흥과 보성으로 상륙한 지 오래다.

열대과일에 대한 국내의 수요가 점차 증가하면서 그 수입량이 날로 증가하고 있는 실정이며, 기후 온난화에 의해 열대작물의 국내재배도 점차 활성화되어가고 있다. 열대과일 중에서 망고스틴Mangosteen은 전통적으로 동남아지역에서 의료용으로 널리 시용되어 왔다. 과일이 의료용으로 이용될 수 있을지 의문이 들기도 하지만 이것은 엄연한 사실이다.

망고스틴은 건강에 이로운 성분을 다량 함유하고 있으며, 맛과 향이 뛰어나면서 부작용이 없어 각광을 받고 있다. 그래서 '아시아 과일의 여왕'이라는 애칭을 가지고 있다. 동남아시아에서 주로 생산되고 있는 망고스틴은 아열대 기후대로 바뀌고 있는 우리나라에서도 재배와 수요에 관심을 갖고 연구를 해야 할 품목이라는 생각에서 본 서적을 집필하게 되었다.

망고스틴에 대한 관심을 가지고 글을 쓰는 동안 후원해준 KOICA 캄보디아 백숙희 소장님을 비롯한 여러 선생님들에게 감사드린다.

동시에 캄보디아 왕립농업대학교Royal University of Agriculture 분탄 총장Rector, Bunthan, 코케아 부학장Vice Dean, Kongkea, 소치 교수Prof. Socheat를 비롯한 여러분들에게 감사를 표한다.

2017년 2월

저자 일동

① 캄보디아 프놈펜시 열대과수시장 (2014.07)

② 베트남 호치민시의 열대과수 시장 (2014.07)

③ 베트남(좌)과 캄보디아(우) 열대과수 시장에서 판매되고 있는 망고스틴 품종 (2014.07)

④ 캄보디아 왕립농업대학교(좌) 및 농업과학연구소(우) 방문 (2014.07)

목 차

망고스틴 (MANGOSTEEN)

망고스틴 과수와 열매

http://media-cache-ec0.pinimg.com/736x/1d/32/68/1d3268d6dac953424852cfdc36f53209.jpg

Chapter 1.

망고스틴

■ 원산지

일반적으로 자색(紫色) 망고스틴*Garcinia mangostana*은 인도네시아의 순다열도Sunda Islands[1]와 몰루카스열도Moluccas Islands[2]가 원산지로 알려져 있는 열대지역의 상록수이다. 망고스틴은 주로 동남지역인 중국, 캄보디아, 인도네시아, 말레이시아, 타일랜드, 싱가포르, 타이완 그리고 필리핀 등지에 분포하고 있다.

---

1 순다열도(Sunda Islands)는 대순다열도(Greater Sunda Islands)와 소순다열도(Lesser Sunda Islands)로 나누는데 자세한 섬들의 이름은 다음과 같다. 대순다열도는 Borneo, Java, Sumatra, Sulawesi 등을 포함하고, 소순다열도는 Lombok, Sumbawa, Flores, Sumba, Timor, Alor archipelago, Barat Daya Islands, Tanimbar Islands 등이다.

2 몰루카스열도(Moluccas slands) 또는 말루쿠열도(Maluku Islands)는 술라웨시섬(Sulawesi)의 동쪽, 뉴기니섬(New Guinea)의 서쪽, 그리고 티모르섬(Timor)의 북쪽과 동쪽에 위치하고 있다.

또한, 열대지역에 속한 남미의 콜롬비아와 푸에르토리코, 그리고 인도의 케랄라 등에서도 도입되어 재배되고 있다.

자색 망고스틴 과일
http://media-cache-ak0.pinimg.com/736x/92/28/f7/9228f75c3a0681b7da7aa265586922f3.jpg

자색 망고스틴이 발견된 민다나오지역 및 술루 제도
http://www.pesoreserve.com/2009/06/rebuilding-better-philippines.html

인도네시아 순다 열도의 대순다열도(위) 및 소순다열도(아래)
https://en.wikipedia.org/wiki/Greater_Sunda_Islands (위)
https://en.wikipedia.org/wiki/Lesser_Sunda_Islands (아래)

호주의 퀸즐랜드Queensland에서도 1854년부터 수차례에 걸쳐서 식재하였으나 현지에서 망고스틴 과수를 발견하기 어렵다. 영국에서는 1855년에 온실에서 망고스틴 과수를 식재하기 시작하였다. 그리고 1950~60년대 키우Kew에 있는 왕립식물원Royal Botanic Garden에서 트리니다드Trinidad로 이식한 과수에서 1875년 첫 열매를 수확하였다.

파나마 운하지대Panama Canal Zone와 푸에르토리코Puerto Rico에다 1903년 망고스틴을 전파했으나 소수의 과수가 서식할 뿐이고 집단으로 분포하고 있지 않다. 그러나 콜롬비아Colombia 마리퀴타Mariquita 지역의 폐광촌과 막달라나Magdalena 계곡에 망고스틴 과수가 집단으로 재배되고 있고, 주변 시장에서 망고스틴이 활발하게 거래되고 있음을 확인하였다. 또한, 브라질의 남부 대도시인 상파울로Sao Paulo의 회사Dierberger Agricola에서는 1949년에 과수 묘목 카탈로그에 망고스틴을 포함시켜 판매를 시작할 정도로 보급이 되었다.

태국에서는 1965년부터 약 4,000 ha의 대규모 망고스틴 과수원을 조성하기 시작하였으며, 이후 캄보디아, 베트남, 미얀마, 말레이시아 및 싱가포르 등에 이르기까지 많은 동남아에서 재배하기 시작하였다. 망고스틴은 원래 동남아지역이 원산지이기 때문에 주로 동남아시아에서 재배되고 있다.

■ 과수 특징

자연상태에서 망고스틴의 수고는 약 10 m 정도까지 자라지만 과수원에서는 작업 등의 편의를 위해 수형을 작게 조절한다. 망고스틴 열매는 달콤하고 섬유질이 많은 편인데 밀감류처럼 즙이 많은 육질로 되어 있다. 과육의 안에는 아몬드 형태의 종자가 있다. 성숙된 과일의 껍질은 탐스러운 자줏빛이지만 먹을 수는 없다.

망고스틴 농장
http://1.bp.blogspot.com/-_GZ464bLg1o/UAlJERdfl_I/AAAAAAAAAm4/bzotF_LFDV4/s1600/mangosteen+trees.jpg

● 줄기

망고나무의 과수는 성장조건이 양호하면 약 20 m까지도 자랄 수 있다. 줄기는 곧게 성장하면서 가지는 대칭적으로 마주보고 자라기 때문에 수형은 피라미드와 같은 형태를 지니고 있다. 줄기나 가지에 상처가 생기면 노란 유액(乳液)이 흘러나온다.

● 잎과 꽃

잎은 가죽처럼 두껍고 광택이 있는 암녹색이고 달걀형의 타원형이다. 잎의 길이는 약 9~25 cm 정도이고 폭은 약 4.5~10 cm 정도이며, 잎의 주맥(主脈)이 뚜렷하다.

망고스틴 꽃
http://3.bp.blogspot.com/-zvCndoVTSx8/UP-rZiH_T2I/AAAAAAAAAJ8/ayiRzBlXhxA/s1600/6566798225_5d4e0eb2bf_z.jpg

망고스틴의 꽃은 작은 가지의 끝에 클러스터 형태로 개화하고 자웅동체(雌雄同體)이다. 꽃의 크기는 4~5 cm 정도이며, 4개의 꽃받침과 4개의 두꺼운 육질의 꽃잎으로 구성되어 있다. 꽃의 바깥 부분에는 붉은 점들이 존재하며 안쪽에는 분홍색이다. 수술은 많이 존재하지만 수술머리에는 꽃가루가 없다.

● 열매

망고스틴의 열매는 둥글고 암자색에서 붉은 자색을 지니고 있으며 껍질은 매우 매끄럽고 직경은 약 3.4~7.5 cm 정도이다. 껍질은 약 5~10 mm 정도로 두껍고 안쪽은 자줏빛을 띤 백색이다.

과육은 4~8개의 삼각형 모양의 눈처럼 희고 즙이 많으며 부드럽다. 이는 실제로 씨앗의 가종피(假種皮)이다. 망고스틴 열매는 종자가 없거나 또는 아몬드 모양의 1~5개 종자가 존재한다. 종자의 길이는 2.5 cm이고 폭은 1.6 cm 정도이며 과육에 붙어 있다. 과육은 달콤새콤한 뛰어난 맛을 지니고 있다.

망고스틴의 열매
http://i204.photobucket.com/albums/bb45/julesism11/P1010268.jpg (위)
http://www.eat-4health.com/en/images/mangosteen.jpg (아래)

● 종자

과일 내부에는 1~4개 흰색의 과육이 존재하는데, 각 과육은 납작한 갈색의 종자를 감싸고 있다. 성숙한 씨앗은 먹을 수 없지만 미성숙한 부드럽고 작은 씨앗은 먹을 수 있다. 미성숙한 종자는 과육 안에 종자가 있는지 조차도 알 수 없는 경우도 있다.

망고스틴 과육과 종자
http://fruitmaven.com/wp-content/gallery/mangosteen/mangosteen-segments.jpg

● 목재

태국에서는 열매가 열리지 않은 수목은 베어버리기 때문에 망고스틴의 목재는 소량만 공급되고 있는 실정이다. 목재는 비중이 높아서 물에 가라앉을 정도로 무겁고 상당히 내구적이며, 건축재 및 고급가구를 만드는 데에 사용된다.

또한, 망고스틴의 작은 가지들은 가나Ghana에서 껌처럼 씹는다. 망고스틴 껍질은 카테킨타닌catechin-tannin과 로진rosin을 각각 7~14 %를 함유하고 있는데, 중국에서는 가죽의 무두질에 사용하기도 한다. 그리고 껍질은 검정색 염료를 만드는데 사용하기도 한다.

망고스틴 과수

망고스틴 과수
http://agri.wu.ac.th/msomsak/ThaiAgri/Mangosteen/Mangosteen33.JPG

Chapter 2.

생 산

■ 망고스틴 생육

망고스틴은 고온다습한 동남아시아가 원산지이기 때문에 태국, 말레이시아, 필리핀, 인도네시아, 베트남, 브라질, 온두라스, 파나마, 미국 하와이 등의 열대지역에서 재배되고 있다.

● 생육환경

고온다습한 열대지역 기후를 선호하는 망고스틴은 두리안durian과 생육환경이 매우 유사하다. 그래서 두리안이 번식하는 지역에서 망고스틴은 자주 발견되곤 한다. 그리고 건조에 약한 과수라 짧은 기간의 가뭄은 견딜 수 있으나 장기간의 가뭄은 생육을 저해시킨다. 그러나 개화시기의 건조는 개화를 촉진시키기도 한다.

일반적으로 망고스틴의 분포는 해발 1,500 m 정도까지 가능하지만 온도가 4 ℃ 이하로 내려가면 생육하기 어렵다. 어린 묘목은 저온에 민감하여 7 ℃에서 죽는 경우도 발생하고 있다. 말레이반도에서는 해발 450 m 이하에서만 재배가 가능하다. 망고스틴 과수를 북위 20도 이상에서 재배하려는 대부분의 시도는 실패했다. 망고스틴은 높은 대기 습도를 필요로 하며 연간 강우량이 최소 1,270 mm 이상이며 장기간 가물지 않아야 한다.

망고스틴 과수는 모암이 석회암인 토양에서는 잘 자라지 않고 열대지방에서 철분을 많이 함유한 적색토laterite에서 잘 자란다. 배수가 잘 되지 않는 충적층(沖積層) 토양은 과수의 생육에 적합하지 않으며 유기물이 낮은 토양은 생산성이 낮다.

● 품종

망고스틴의 암나무는 수정작업이 없이도 종자를 생산할 수 있기 때문에 교잡을 통하여 자연적 품종 개선은 어렵다. 그래서 망고스틴에는 변종이 거의 없다. 즉, 과수 품종은 한 가지 형(型)밖에 없는 모노타이프 품종이다.

과수의 품종을 개선하기 위해서는 배아(胚芽)의 조직배양기술과 돌연변이유도법이 제안되고 있다. 자연상태에서 유일한 변이는 말레이시아와 필리핀의 중간에 위치한 술루열도Sulu Islands의 망고스틴인데 열매의 크기가 크고 껍질이 두꺼우며 과육은 신맛이 강하다.

■ 재배와 생산성

● 종자파종

망고스틴 과수는 종자에서 발아한 묘목에 의해서 번식되고 있다. 삽목과 접목에 의한 묘목 생산은 관리를 하지 않으면 생육하기 어렵다. 망고스틴의 종자는 독특한 특성이 있는데, 이는 종자라기보다는 '무성생식 배아(無性生殖胚芽)asexual embryo'라고 할 수 있다. 종자는 유성수정(有性受精)으로 발생하는 것이 아니기 때문에 같은 과수에서 채취한 열매의 종자는 유전적으로 동일하다.

망고스틴은 일반적으로 종자에 의해서 번식하는데 건조에 약하기 때문에 과육에서 제거된 이후 5일 이내에 파종해야 한다.

종자를 장기간 보관하고자 할 경우에는 습도가 높은 물이끼, 톱밥 또는 종이에 저장해야 한다.

1 단계	깨끗한 물에 종자를 24시간 침전시킨다.
2 단계	어린 묘목의 생육을 고려하여 그늘에 묘목상을 선정한다.
3 단계	종자를 파종하기 위해 구덩이를 깊이 90 cm 정도 파고, 퇴비와 흙을 혼합하여 되메우기를 한다.
4 단계	묘목상의 표토에 종자를 묻고 고운 흙을 뿌려서 덮는다.
5 단계	파종한 묘목상에 물을 충분히 공급한다. 이때 표토가 침식되어 종자가 지표면에 유출되지 않도록 주의한다.

● 묘목 생산

망고스틴의 종자에서 싹이 자라기 시작하면 반대편 끝부분에서 뿌리가 나온다. 그러나 뿌리는 수명이 짧아서 종자에서 분리되고, 새싹의 기저에서 또 다시 뿌리가 발생된다. 다배(多胚)를 지닌 종자는 복수(複數)의 새순이 돋아나기도 한다.

일반적으로 망고스틴 종자의 발아율(发芽率)은 종자의 무게가 무거울수록 좋다고 한다. 그래서 종자는 충실하고 성숙한 것들을 선택해야 한다. 밀폐된 용기에 수분을 함유한 이끼 또는 코

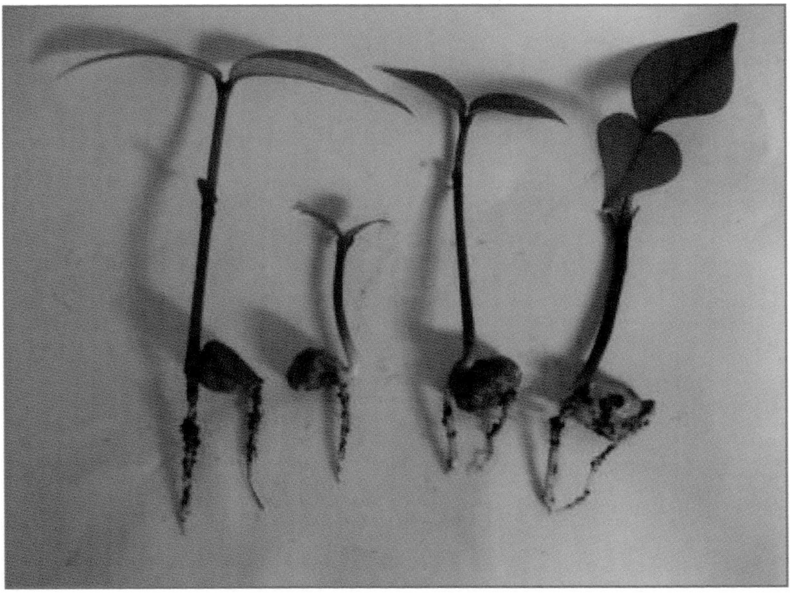

망고스틴 종자에서 자란 새싹 및 뿌리
http://2.bp.blogspot.com/-lcquJZs9NIc/UFXzZ4hVv-I/AAAAAAAABeE/B-QGUqEA6tA/s1600/Mangosteen001.jpg

코넛 섬유 등에 저장된 종자는 3개월 정도 생존이 가능하다고 한다. 그러나 숯가루에 15일 정도 저장된 종자는 단지 약 20% 정도만 발아한다고 알려져 있다. 또한 깨끗한 물에 24시간 침전하면 발아율이 촉진된다. 일반적으로 종자를 파종한 이후 20~22일 정도면 새싹이 나오고 약 40일 정도가 자라면 싹이 완전히 자란다.

선호하는 망고스틴 묘목 특성

- 건조에 대한 내성(耐性)이 강하고 생육이 왕성한 묘목
- 규칙적인 가지의 발달로 수관이 피라미드 형태의 발달한 묘목
- 열매의 껍질(과피)은 잘 벗겨지고 과육(果肉)은 다즙의 새콤달콤한 품종

망고스틴 묘목
http://alittleparadiseofmine.blogspot.kr/2012/02/saturday-morning-at-my-mums-fruit.html

종자를 파종하고 1~2년 정도가 경과한 묘목은 수고(樹高) 30 cm 이상 자라며 과수원으로 이식이 가능하다. 종자를 포트에 파종하여 묘목을 과수원에 이식하는 것보다 처음부터 종자를 과수원에 파종하면 묘목의 생존율을 높일 수 있다.

종자파종을 통해 적절한 묘목이 완성되면 이것은 접목을 위한 대목으로 사용하고, 좋은 형질의 어린 가지는 접수로 이용한다. 망고스틴은 접목을 통해 좋은 형질의 과수를 생산하고 열매의 결실 시기를 빠르게 할 수 있다.

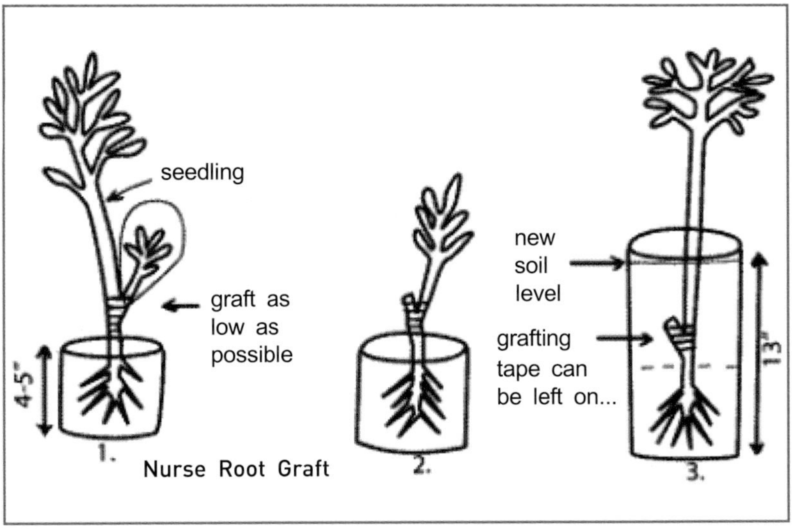

망고스틴 묘목의 접목
http://rfcarchives.org.au/Next/CaringForTrees/DelayedIncompat119-2-01.html

우량한 형질을 보유한 접목묘
http://forums.gardenweb.com/discussions/2183908/mangosteen-seeds-on-ebay (좌)
http://mangosteen-anti-cancer.blogspot.com/2012/09/How-to-mangosteen-seeds.html (우)

● 식재

망고스틴 과수는 비교적 크게 자라는 특성이 있기 때문에 과수원에서 식재 간격은 약 10 m 정도가 바람직하다. 망고스틴은 고온 다습한 환경을 좋아하기 때문에 우기 초기에 이식을 하는 게 좋다. 과수 식재를 위해 구덩이는 가로 1.2 m × 세로 1.2 m × 깊이 1.3 m로 이식 30일 전에 미리 준비해야 한다. 구덩이의 되메우기에 이용할 토양의 양분을 향상시키기 위하여 잘 부숙된 퇴비와 흙을 혼합하여 사용하는 게 좋다.

이식하는 묘목은 어리기 때문에 뿌리가 상하지 않도록 주의하고 그늘을 선호하므로 3~5년 정도 차양시설을 설치하여 건전한 생육환경을 조성하여야 한다. 과수가 생장하는 동안에는 수분 요구도가 높기 때문에 관개로 웅덩이를 파서 지속적인 수분 공급을 해야 한다. 그리고 말레이시아와 스리랑카에서는 코코넛 껍질이나 잎으로 망고스틴 과수 뿌리 부분을 멀칭해서 토양의 수분을 유지하도록 사용하고 있다. 건조기에 탈수 현상을 보이던 과수들이 있다면 40 cm 정도의 잡초 멀칭을 실시하면 다시 생기를 회복하기도 한다고 한다.

망고스틴 과수는 처음 3년 동안 3~4개월 주기로 퇴비를 공급해야 하고, 그 이후에는 매년 1~2회 정도 퇴비를 줘야 한다. 망고스틴은 농도가 짙은 비료에 민감하기 때문에 희석된 비료를 주거나 유기 비료를 시비해야 한다. 일반적으로 망고스틴은 식재 이후 6~8년이 되면 열매를 생산하게 된다. 어린 과수는 연간 100~200개 정도의 과일을 생산하며, 생장이 왕성한 과수는 500~1,000개 혹은 그 이상을 생산할 수 있다. 이처럼 과수의 긴 성장기 때문에 많은 농민들이 망고스틴 산업에 진입을 못하는 경우가 많다. 그리고 망고스틴 열매의 생산량 파악은 쉽지 않은데 그 이유는 과수원에 다양한 종류의 과일나무가 함께 재배되고 있기 때문이다.

망고스틴 열매
http://toptropicals.com/catalog/uid/GARCINIA_MANGOSTANA.html

● 재배 및 수확

묘목을 식재한 이후에는 잡초의 억제를 위해서 멀칭을 하는 게 좋다. 이식된 묘목은 건조에 피해를 입을 수 있기 때문에 그늘 제공을 위해 바나나, 람부탄, 두리안, 코코넛 등과 같은 과수와 함께 재배하는 간작(間作)을 선호한다.

망고스틴은 습기를 좋아하기 때문에 하천 및 습지 주변에서 비교적 잘 자란다. 그러나 개화시기에는 건조해야 개화가 촉진되는 경향이 있다. 일반적으로 망고스틴은 높은 기온을 좋아하기 때문에 기온이 20 ℃ 이하가 되면 생육이 느려진다. 열매가 성숙하는데 가장 이상적인 기온은 25~35 ℃ 이며, 상대습도는 80 % 이상이다. 그리고 생존을 위하여 필요한 최저온도는 3~5 ℃ 정도이다. 열매는 성장하기 시작하여 5~6주 정도 지나면 성숙하는데 열매의 표면이 자줏빛이 되면 수확한다.

자색 망고스틴 열매
http://herba.berita1.com/mangosteen-fruit

생산량

망고스틴 과수는 8~10년 정도가 되면 열매를 생산할 수 있지만 열매의 생산량은 기후와 수령에 따라서 생산량은 변동성이 심한 편이다. 과수의 수령이 30~45년 정도가 되면 열매는 3,000개/본 정도 생산할 수 있으며 수령이 100년이 되어도 열매를 생산할 수 있다.

인도네시아에서 수확한 신선 망고스틴 열매
http://img.21food.com/20110609/product/1306164995988.jpg

망고스틴의 주요 생산지는 동남아시아이고, 최근 태국에서 많은 생산량이 공급되고 있다. 재배 면적은 1965년 4,000 ha에서 2000년 11,000 ha로 급증하였고, 열매 생산량은 46,000 톤/년을 기록하였다. 지난 수 십 년간의 카리브 열도Caribbean Islands, 남미(南美), 미국의 플로리다, 캘리포니아 및 하와이 등에서 망고스틴 집단재배를 시도하였으나 생산은 원활하게 이뤄지지 않고 있는 실정이다.

망고스틴 열매

망고스틴 열매

http://blog.daum.net/thaistart/18320659

Chapter 3.

망고스틴의 용도

■ 요리

동남아시아에서 망고스틴 열매는 많은 건강혜택 때문에 하나님이 주신 식품 중의 하나로 여겨지고 있다. 과일의 맛은 달콤하고 향기롭다. 최근 망고스틴은 세계시장으로 확대되고 있는 슈퍼 과일이다. 과거 대영제국시절 엘리자베스 여왕Queen Elizabeth이 망고스틴을 즐겨 먹었다 해서 과일의 여왕이라고 널리 알려졌다. 망고스틴은 수 세기 동안 서양에서 가장 선호하는 과일 중의 하나이다.

망고스틴의 건강혜택에 관해서는 18세기에 처음으로 기록되

었고, 최근 과학적 연구에서 다양한 혜택들이 밝혀지고 있다. 망고스틴은 주로 신선과일로 소비되며, 통조림과 주스나 젤리로 가공되기도 한다.

● 디저트

미성숙한 망고스틴의 열매는 껍질의 섬유질이 강하기 때문에 단단하지만 성숙하면 껍질이 부드럽게 변하여 쪼개기 쉽다. 망고스틴 열매를 쪼개기 위해서는 껍질을 칼로 선을 긋는다. 그리고 양손의 엄지손가락을 이용해서 자른 부분을 중심으로 서서히 껍질을 벌린다. 껍질이 상하로 벌어지면 한쪽 절반을 벗겨내서 과일을 분리시킨다. 껍질을 분리하는 과정에서 자색의 껍질에서 나오는 보라색 즙이 피부나 옷에 묻을 수 있으니 주의가 필요하다.

망고스틴 열매는 짙은 보라색 껍질과 부드럽고 하얀 과육을 지니고 있다. 과육의 맛은 마치 복숭아와 딸기를 혼합한 것처럼 달콤하여 세계에서 가장 맛있는 슈퍼 과일 중의 하나이다. 식탁에 오르는 최선의 열매를 선택하는 방법은 열매 꼭대기에 가장 많은 주두엽(杜頭葉)stigma lobe 즉, 암술머리가 많은 것을 선택하는 것이다. 많은 주두엽을 지닌 열매는 풍부한 과육을 가지고 있고 종자가 적기 때문이다. 일반적으로 망고스틴 열매는 디저트로 먹는다.

망고스틴 디저트
http://www.gourmetfury.com/photos/mangosteen8.png

● 주스

최근 망고스틴 열매의 주스는 인기가 높은 '건강음료'로 판매되고 있다. 흔히, '장고주스'라는 브랜드로 판매되고 있다. 일부 유통업자들은 장고주스가 설사, 여성의 월경문제, 요도염, 결핵 등의 치유에 효과가 있다고 주장한다. 그러나 아쉽지만 이러한 주장을 뒷받침할 수 있는 신빙성 있는 과학적 증거가 아직은 부족하다.

● 망고스틴 제품

망고스틴 과육 추출액이 포함된 다양한 제품들이 자연식품마켓에서 판매되고 있다.

■ 통조림과 냉동식품

일부 국가에서 망고스틴 과일의 수입제한 때문에 신선 과육은 가용할 수 없다. 그래서 많은 국가에서는 망고스틴 과육의 통조림과 냉동제품이 판매되고 있다. 통조림 제품은 가공과정

망고스틴 통조림 시럽 제품들
http://www.edwardandsons.org/wp-content/uploads/2010/10/mangosteen-rambutan-group-shot.jpg (좌)
http://www.seewoo.com/misc/image/3519/220/300/false (우)

에서 과육의 섬세한 맛이 상실되는 것으로 알려져 있다. 예를 들어, 저온살균을 10분만 진행해도 과육 고유의 맛은 상실된다. 통조림 망고스틴은 미국에서도 매우 저렴한 가격에 판매되고 있지만 과육의 독특한 향과 맛은 통조림 가공과정에서 상실되어 기대하기 어렵다. 식품가공 시험결과, 5분간만 멸균처리 이후 40 %의 시럽을 첨가하는 방법이 가장 좋은 결과를 나타내는 것으로 밝혀졌다.

망고스틴 통조림 시럽의 100g 당 영양가치

Energy (열량)	305 kJ (73 kcal)
Carbohydrates (탄수화물)	17.91 g
Dietary fiber (식이섬유)	1.8 g
Fat (지방)	0.58 g
Protein (단백질)	0.41 g
Vitamins (비타민)	
Thiamine (티아민)	(5%) 0.054 mg
Riboflavin (리보플라빈)	(5%) 0.054 mg
Niacin (나이아신)	(2%) 0.286 mg
Pantothenic acid (판토텐산)	(1%) 0.032 mg
Vitamin B_6 (비타민 B_6)	(1%) 0.018 mg
Folate (폴산)	(8%) 31 μg
Vitamin C (비타민 C)	(3%) 2.9 mg
Trace metals (미네랄)	
Calcium (칼슘)	(1%) 12 mg
Iron (철)	(2%) 0.3 mg
Magnesium (마그네슘)	(4%) 13 mg
Manganese (망간)	(5%) 0.102 mg
Phosphorus (인)	(1%) 8 mg
Potassium (칼륨)	(1%) 48 mg
Sodium (나트륨)	(0%) 7 mg
Zinc (아연)	(2%) 0.21 mg

Note: μg = micrograms / mg = milligrams / IU = International units

Source: USDA Nutrient Database

■ 잼

말레이시아에서는 망고스틴 잼을 만들기 위해서 종자가 없는 과육을 설탕과 1:1로 혼합하여 약간의 정향(丁香)을 섞어서 15~20분 정도 끓인 후에 유리병에다 보관한다. 필리핀에서는 과육을 설탕과 함께 끓여서 잼을 만드는데 맛을 증진시키기 위해 종자도 함께 넣기도 한다.

망고스틴 주스
http://importfood.com/media/rtfc1101_1l.jpg

■ 건강보조제

망고스틴의 과일은 여러 가지 비타민과 미네랄 그리고 항산화제를 함유하고 있고 티아민, 나이아신, 엽산과 같은 B복합 비타민이 풍부하다. 이러한 비타민들은 신체에서 탄수화물, 단백질 및 지방과 같은 영양분은 신진대사를 촉진되도록 도와주는 공동인자이다. 그리고 철분, 칼슘, 칼륨은 물론이고 식이섬유질과 탄수화물도 풍부하다.

망고스틴을 이용한 건강 제품
http://www.evolution-slimming.com/store/images/uploads/Mangosteen-Render.jpg

■ 의료

망고스틴은 동남아시아에서 매우 오랫동안 염증과 음식 소화에 관한 의약품의 일부분으로 사용되어 왔다. 특히 망고스틴 열매 껍질을 달인 물은 설사병 치료에 사용하였고 건조한 분말로 만든 반죽은 피부 습진이나 기타 피부의 질환에 사용되었다. 그리고 과수의 뿌리를 달인 물은 여성의 생리 조절에 사용되었다. 또한 나무껍질의 추출물은 아메바성 이질의 치료제로 사용되어 왔고, 얇게 썰어서 말린 껍질은 가루로 만들어 이질 치유에 사용한다. 이와 같이 망고스틴은 많은 유효 성분을 포함하고 있어 건강에 많은 도움을 주고 있기 때문에 '과일의 여왕'이라는 칭호를 받고 있다.

망고스틴은 폴리페놀 복합체인 크산톤xanthones을 함유하고 있다. 이러한 폴리페놀 복합체는 항산화 기능을 포함한 복수의 생물학적 효과가 있는 비타민 C나 E보다 약 5배 정도 더 강력한 것으로 알려져 있다. 항산화제는 인체의 세포 단계에서 산화적 스트레스를 야기하고 만성적 질병의 근원이 되는 파괴적 유리기free radicals를 중화시키는 것이다.

유리기Free Radicals란?

유리기란 하나의 전자를 상실한 불안정한 원자 또는 분자를 말한다. 이들의 안정된 원자들과의 상호작용으로 건강한 세포를 회복불가능하게 만들어 버린다. 왜냐하면 이 유리기는 안정적인 원자들에게서 전자를 '훔치기' 때문이다. 이러한 상호작용을 '산화'(酸化)라고 한다.

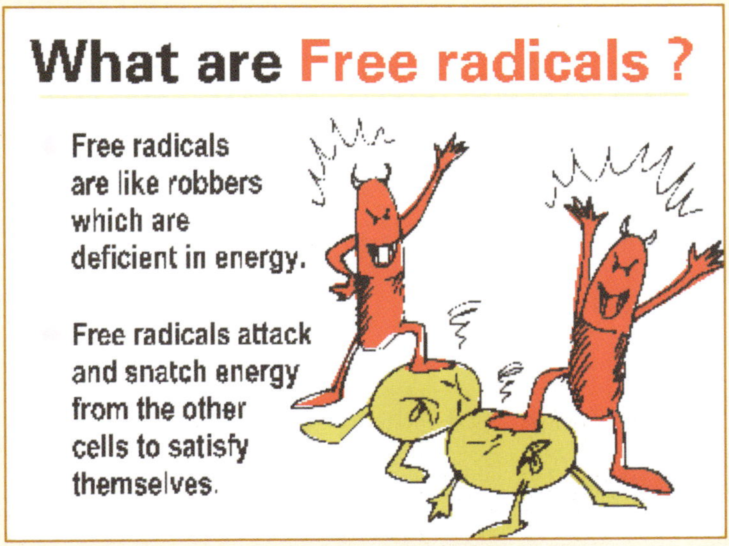

다른 세포를 공격해서 에너지를 강탈하는 유리기
http://4.bp.blogspot.com/-OF5cxbvqYbE/Tzh2u9T3OAI/AAAAAAAAALk/Vw2iyO8VStI/s1600/free-radicals.gif

그리고 망고스틴의 가장 중요한 건강혜택 중의 하나는 심장혈관 시스템에 미치는 영향이다. 어린 망고스틴 열매의 껍질은 다수산기(多水酸基)의 크산톤xanthone[3] 파생물인 ß-망고스틴ß-mangosteen과 중추신경 시스템의 진정성분인 망고스틴-emangosteen-e를 함유하고 있다. 성숙한 열매의 껍질도 크산톤을 비롯한 여러 가지 파이토케미컬phytochemical[4] 성분을 포함하고 있는 것으로 알려져 있다.

또한, 망고스틴은 관절염, 골다공증, 고혈압, 동맥경화증, 신장 결석, 백내장, 녹내장, 알츠하이머병Alzheimer's, 신경통 등과 같은 질병을 예방하는데 효과적인 것으로 알려지고 있다. 동시에 우울증, 노화, 비만, 피부병, 알레르기, 위궤양, 설사, 열병 그리고 통증 등을 치료하는데 효과적이다.

크산톤 *xanthone*

망고스틴의 열매는 지구상에서 가장 맛있는 과일 중의 하나이며, 40개 이상의 크산톤이 발견된 유일한 과일이다. 크산톤은 비타민 C와 E보다 훨씬 더 강한 항산화 기능을

3 크산톤(xanthone)은 망고스틴 열매의 주요 활성성분이다.

4 피토케미컬(phytochemical)은 식물들 자신들이 생존과 보호를 위해 만들어내는 물질로 향기나 색, 매운 맛, 쓴 맛 등을 내는 성분을 통틀어 이르는 말이다.

지닌 성분이다. 이 항산화 기능은 심근경색과 뇌경색 형태의 질병을 현저하게 억제한다. 망고스틴 열매의 껍질에는 크산톤의 함유량이 최고수준이다. 물론 다른 열대과일에서도 크산톤이 발견되지만 망고스틴의 함유량보다 많은 과일은 없다.

크산톤이 풍부한 망고스틴 열매 껍질 분말
http://i.ebayimg.com/00/s/NjAwWDUwNw==/z/2H0AAOSwpDdVDlMS/$_35.JPG

망고스틴에서는 α-망고스틴α-mangosteen과 γ-망고스틴γ-mangosteen의 두 가지 형태의 크산톤이 있다. 이러한 복합체는 많은 건강혜택을 제공하기 때문에 망고스틴은 '수퍼식품' 중의 하나이다. 그리고 크산톤은 항바이러스와 항진균에 효과가 있다.

- **항암효과**

망고스틴에 함유된 크산톤은 병든 세포를 죽이거나 그 성장을 억제함으로 암의 성장을 정지시키거나 예방하는데 도움을 줄 수도 있다. 또한 천연화학복합물질인 크산톤은 간을 해독시켜서 자연적으로 종양과 싸울 수 있는 능력을 회복하게 한다.

지난 2002년에 발행된 "Planta Medica Journal"에 발표된 연구결과에 의하면 망고스틴 열매에서 발견된 크산톤은 간암, 위암,

미국 암협회에서 망고스틴 주스의 효용 인정
http://media-cache-ec0.pinimg.com/736x/18/a7/fa/18a7fac4073a3f787132ae6f31898405.jpg

폐암 등에 효과적이라고 보고되었다. 그리고 2004년 1월에 발행된 "Journal of Ethnopharmacology"에서는 망고스틴 열매에 강력한 항산화제를 함유하고 있으며 유방암에 억제에 효과가 있었다고 발표했다.

그러나 크산톤을 암 치료를 위해서 복용하기 전에는 자신의 담당의사와 상의하는 것이 좋다고 권고하고 있다. 미국 암센터에 의하면 "망고스틴 주스나 퓌레, 또는 망고스틴 열매 껍질이 암 치료제로서 효과적이라는 신빙성 있는 증거가 없다"고 발표한 바 있다.

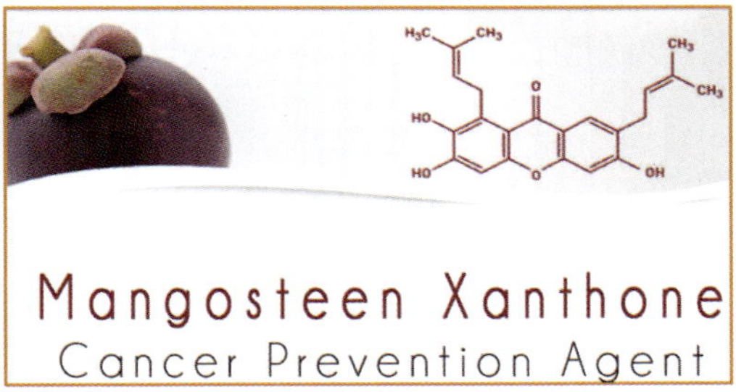

크산톤 분말과 항암효과
http://www.farocompany.com/faro-images/Faro%20Mangosteen%20Powder%20-%20Single.jpg (좌)
http://www.engineeredlifestyles.com/h/twitter/mangosteen-xanthone-cancer-prevention-agent.jpg (우)

● 항염증 효과

염증이라는 것은 신체가 부상이나 감염에 노출되었을 때에 몸에서 히스타민[5]을 배출할 때 일어나는 면역체계의 반응을 말한다. 히스타민은 혈관 벽을 투과성이 높게 만들어서 백혈구가 포함된 액체가 상처부위로 유입되어서 치유의 과정을 시작하게 한다. 그러나 만성적인 염증은 심장병과 류마티스성 관절염 등과 같은 여러 가지 장애를 일으킬 수 있다.

'Nutrients' 학회지 2013년 8월호에 의하면 크산톤으로 불리는 화학물질은 망고스틴 껍질에서 발견되는데, 인체 세포에 실험을 했을 때 강력한 염증 치유 물질인 것으로 관측되었다. 또한, 자연요법의사이자 영양사인 던칸 박사Dr. Lindsey Duncan에 의하면, 망고스틴 과일껍질에 함유된 크산톤은 강력한 항산화능력을 소유하고 있어 체내에 있는 염증 효소를 감소시킬 수 있다고 설명하고 있다. 이러한 효능은 심장 혈관병, 류마티스성 관절염, 암, 결핵성 피부병인 낭창(狼瘡), 만성 염증성 장질환인 크론병, 궤양성 대장염 등과 같은 염증 질환에 유익한 혜택을 준다.

● 혈관과 심장

동남아지역에서 망고스틴 과일은 혈관확장, 혈액순환, 혈류개

5 히스타민은 염증과 면역반응에 관여하는 것으로 알려진 신경전달물질이다.

선 등의 심장질환에 효과가 있다고 알려져 있다. 망고스틴 과육은 비타민과 미네랄, 칼슘, 인, 철분, 티아민, 리보플라빈(비타민 B_2 또는 G), 니아신nicotinic acid, 및 비타민 C 등을 함유하고 있다. 따라서 망고스틴은 여러 가지로 인체에 유익한 과일임에는 틀림이 없다.

망고스틴

Chapter 4.

마케팅

신선한 망고스틴은 과육이 쉽게 변질되기 때문에 유통 기간이 짧다. 그리고 동남아지역에서 망고스틴 과일은 주로 영세농들에 의해서 재배되고 있기 때문에 대부분의 과일은 도로변에서 판매되고 있다. 따라서 안정적인 과일의 공급이 어렵기 때문에 종종 가격 파동을 일으키곤 한다.

동남아시아에서 생산된 망고스틴은 병해충 유입 문제점이 제기되어 수입 제한을 하고 있다. 따라서 외국으로의 신선 과일 유통은 어려운 경우가 있다. 그래서 망고스틴 과일의 수입이 가능한 호주에서는 청과물 가게에서 망고스틴 과일이 판매되고 있지만, 북아메리카나 유럽의 가게에서는 거의 찾아보기 어렵

태국산 망고스틴의 한국 소비형태
http://image.slidesharecdn.com/isdefense-120117094358-phpapp02/95/mangosteen-marketing-plan-in-south-korea-1-728.jpg?cb=1326815447

다. 따라서 신선 과일의 수입 제한이 있는 점을 고려해서 망고스틴 과일의 가공품을 판매하고 있다.

동남아지역에서 생산되고 있는 망고스틴 과일에는 병해충 등이 포함되어 있기 때문에 훈증이나 방사선 소독을 실시하지 않으면 미국으로 수입이 불가하였다. 최근에는 미국과 캐나다에서 망고스틴이 재배되면서 신선 과일이 청과물 가게에서 1파운드[6]당 $8($17.6/kg)의 저렴한 가격에 유통되고 있다. 세계적으로 유통되고 있는 신선 망고스틴 과일은 태국산이 대부분이다. 그러나 망고스틴 과일에 대한 표준품질 평가나 등급제가 없어서

6 파운드(pound, lb)는 무게 단위로서 16온스, 약 453.6g에 해당한다.

국제적인 무역에 어려움이 많다. 그래서 망고스틴은 서양에서는 인기가 높음에도 불구하고 소량이 유통되고 있고 비교적 높은 가격에 거래되고 있는 실정이다.

태국의 신선 망고스틴 과일 판매점
http://jefferyboyle.com/wp-content/uploads/2010/11/joe-morton-thailand-mangosteen.jpg

망고스틴

캄보디아 망고스틴

http://imgc.allpostersimages.com/images/P-473-488-90/30/3061/U7EDF00Z/posters/russell-young-mangosteen-fruit-camb

Chapter 5.

주요 국가별 망고스틴

망고스틴은 태국, 캄보디아, 인도네시아, 말레이시아, 싱가포르, 타이완, 필리핀 등과 같은 동남아시아에 주로 재배되고 있고, 미국에서 소규모의 농장이 분포하고 있다. 그래서 망고스틴을 대량으로 생산하는 주요국들의 현황을 간략하게 정리하고자 한다.

■ 말레이시아

망고스틴은 말레이시아에서 흔히 발견되는 과일로 수확시기가 6~8월이다. 구전에 의하면 빅토리아 여왕이 망고스틴의 맛에 반하여 누구든지 익은 망고스틴을 버킹엄 궁전Buckingham Palace의 여왕에게 배달할 수 있는 사람에게는 기사 작위knighthood를 주었다고 한다. 그래서 말레이시아에서는 망고스틴이 '과일의 여왕'이라고 불리고 있다.

망고스틴의 차고 달큼한 맛은 '과일의 왕'이라고 불리는 두리안의 '뜨거운' 성질을 완화시키는 것으로 알려져 있다.

말레이시아의 망고스틴 판매점
https://visualbanquet.files.wordpress.com/2011/10/malacca_mangosteen_bags_sml-3166.jpg

● 비료시비

말레시아 R&D 연구소MARDI(Malaysian Agricultural Research & Development Institute)가 추천한 망고스틴 비료프로그램은 다음과 같다. 일반적으로 유기물 멀칭을 이용한다. 왜냐하면 멀칭이 분해되면서 영양분을 제공하고, 토양구조와 토양습도 환경을 개선시켜 주고 과수의 생장을 촉진시킨다. 일반적으로 설탕을 만들기 위해 짜낸 사탕수수 찌꺼기와 짚 등을 멀칭에 사용한다.

말레이시아 MARDI가 제시한 시비 프로그램 (3회/년)

수령	N:P:K:Mg 복합비료	시비량/나무/년 (kg)
1	15:15:15:0	0.5
2	15:15:15:0	1.0
3	12:12:17:2	1.5
4	12:12:17:2	2.0
5	12:12:17:2	2.5
6	12:12:17:2	3.0
7	12:12:17:2	4.0
8	12:12:17:2	5.0
>8	12:12:17:2	6.0

● 수확시기

말레이시아나 인도네시아 같은 나라에서는 과일의 수확을 컬러 지수법으로 이용하고 있다.

망고스틴의 수확단계

컬러 지수 (Color Index)	과일 색깔 (Fruit Color)
1	옅은 황녹색 (Pale yellow green)
2	얼룩진 연분홍색 (Blotchy Pink)
3	분홍빨강색 (Pinkish red)
4	암홍색 (Maroon red)
5	짙은 보라색 (Dark maroon violet)
6	흑 보라색 (Violet black)

만일 망고스틴 과일이 장기간 취급되고 가공이 되려면 컬러 지수가 3~5일 때 수확을 해야 하며, 바로 생과로 소비되려면 5가 되어야 한다. 컬러지수가 3~4일 때 수확을 하면 과일 표면이 기계적인 취급과정에서 피해가 적으며 후숙되어 색깔이 짙은 보라색으로 진전될 수 있다. 일반적으로 망고스틴 과일은 열매가 형성된 이후 13~14주가 되면 수확할 수 있다. 산출고는 기후와 개체에 따라 변화가 있지만 성숙한 나무에서 400~900개를 수확할 수 있다. 성숙한 과수는 최대 28 톤/ha의 산출고가 가능하다.

망고스틴 수확장면
http://www.thehindu.com/multimedia/dynamic/01967/25tvpt-mangosteen3_1967304f.jpg

● 망고스틴 품종

망고스틴 품종은 하나이지만, 수루열도Sulu Islands에서는 과일의 직경이 7 cm 이상이고 신맛이 강한 새로운 품종인 버튼Button 또는 레몬드롭Lemondrop의 품종이 발견되었다.

말레이시아 버튼 품종의 꽃과 열매
https://toptropicals.com/pics/garden/04/fruit/0915.jpg (위)
http://toptropicals.com/pics/garden/04/fruit/0913.jpg (아래)

● 망고스틴 이용

망고스틴 주스는 면역체계 및 관절 유연성 증진, 심리적 안정 효과, 콜레스테롤 감소 등과 같은 건강혜택을 제공한다.

망고스틴 주스
http://theartofhealing.com.au/shopping/components/com_virtuemart/shop_image/product/Nature_s_Goodnes_5073d401224af.jpg (좌)
http://images.iherb.com/l/GTI-00067-7.jpg (중)
http://health-zoom.worldwideshoppingmall.co.uk/K1464.jpg (우)

또한, 망고스틴 과육의 섬유질은 위장을 튼튼하게 하며, 껍질을 달인 물은 설사, 임질과 만성 요도염 치료제로 사용되고 있다. 특히, 껍질로 만든 분말은 설사병 치료제로 이용하고 습진 치료에도 사용된다.

■ 태국

망고스틴의 유래된 장소는 알 수 없지만 순다열도와 몰루카 제도라고 알려져 있다. 이후 태국 또는 미얀마에 유입되었는데 기후조건이 망고스틴이 생육하기 적합하여 현재는 대부분 지역에서 자라고 있다.

말레이시아와 태국의 과일 생산기간

과일	1월	2월	3월	4월	5월	6월	7월	8월	9월	10월	11월	12월
두리안			--- (M)	--- (T)	--- (T)				--- (M)	--- (M)		
리치				---	---	---						
망고				---	---	---	---	---	---			
망고스틴					---	---	---	---	---	---		
람부탄	---					---	---				---	---

M = 말레이시아; T = 태국
(http://chinesefood.about.com/library/blasianfruit.htm)

태국에서의 망고스틴 수확계절은 4~5월이며, 대부분의 과일은 외국으로의 수출되고 있다. 두리안Durian과 용안Longan 등의 과일과 함께 태국산 망고스틴을 수입하는 주요 국가들은 중국, 타이완, 베트남, 인도네시아 등이다.

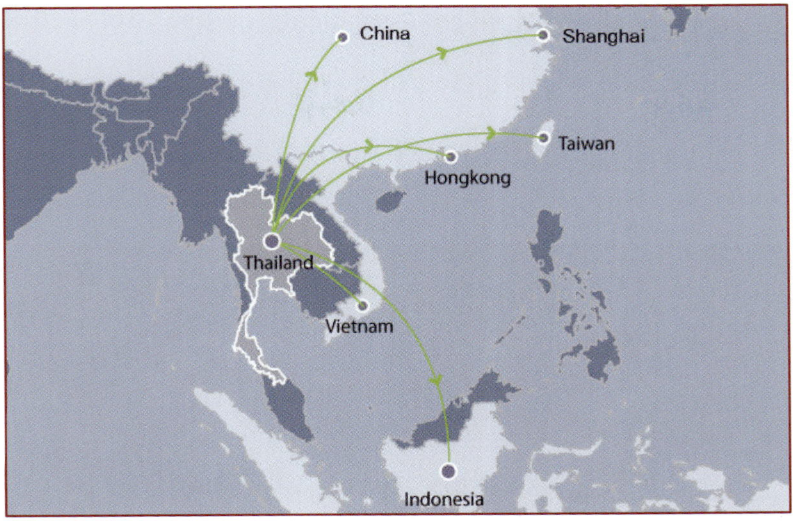

태국의 주요 망고스틴 수출시장
http://888fruits.com/public/img/map2.jpg

과일의 수확량은 불규칙적이고 산출고는 나무마다 다르고 계절마다 변화가 크다. 어린 과수에서 수확량은 대략 200~300개 정도이지만 일반적으로 성숙한 과수에서는 약 500개 정도가 생산된다. 비료 시비 등으로 관리가 되고 있는 과수는 산출고가 증가해서 약 1,000~2,000개 정도를 수확할 수 있다. 그리고 수령(樹齡)이 100년이 될 때까지 과수를 생산할 수 있다.

과일의 성숙도는 색깔과 감촉으로 판단할 수 있는데 성숙하지 않는 과일을 수확할 경우에는 후숙되지 않기 때문에 망고스틴의 고유의 맛을 즐길 수 없다. 그래서 과일은 반드시 완전히 성숙한 상태에서 수확되어야 한다. 성숙한 과일의 표피는 부드럽기 때문에 막대기를 이용하여 수확하면 과일이 지면에 떨어지는 충격으로 손상되기 쉽다. 따라서 상품성이 높은 과일을 수확하기 위해서는 사다리를 이용하여 수확하는 게 좋다.

태국에서 생산된 망고스틴 및 과일시장
http://royaltropics.com/about-mangosteen.html

■ 베트남

베트남의 열대성 기후는 열대과수가 생육하는데 적합하기 때문에 연중 과일의 생산이 가능하다. 망고스틴은 망고, 파인애플 그리고 체리모야cherimoya[7]와 함께 세계에서 가장 맛있는 과일 중의 하나이다. 베트남에서의 주요 망고스틴 생산지역은 빈증Binh Duong, 벤뜨레Ben Tre, 껀터Can Tho 그리고 후에Hue 등의 지역이다. 일반적으로 과수는 8~10 m 정도 자라지만 환경이 좋으면 20 m 이상도 자랄 수 있다. 줄기는 직립형으로 가지는 대칭적으로 자라기 때문에 수관은 왕관형태를 이룬다. 망고스틴 과수가 열매를 맺기 위해서 8~15년의 시간이 소요된다. 그렇기 때문에 망고스틴 과일이 매우 특별하게 여겨지고 있다.

망고스틴은 무수정체에 의해 번식하기 때문에 품종은 하나밖에 없다. 만약 형태가 다른 개체가 발견된다면 주로 환경적 요인으로 기인된 것이다. 최근에 베트남에서는 보다 좋은 망고스틴의 클론을 얻고자 선별프로젝트를 진행하고 있다.

---

7 체리모야(cherimoya)는 아노나과에 속한 열대성 낙엽 소교목으로서 높이는 6m 정도, 잎은 어긋나고 달걀 모양이며, 꽃은 짧은 꽃대 끝에서 밑으로 처지며 향기가 있다.

재래식 시장의 망고스틴 판매 모습
http://www.edibleplantsinvietnam.com/uploads/1/2/6/8/12680760/1552301_orig.jpg

베트남의 망고스틴은 19세기 초에 카톨릭 선교사들에 의해서 도입된 것으로 알려져 있다. 그리고 초기에 비증과 라이 투Lai Thieu 지역에서 재배하였다. 왜냐하면 망고스틴은 기온이 높고 습도가 높은 기후에 적합하므로 베트남 남부에서만 재배되고, 북부에서는 유일하게 후에 지역만 재배가 가능하다. 이후 북부에서도 재배하고자 시도하였지만 생육이 좋지 못하고 열매도 잘 열리지 못했다.

망고스틴은 주로 씨앗으로 전파가 되고, 열매를 맺기 위해서는 6~10년이 걸리기 때문에 다른 과일나무보다는 전파가 느리고 쉽지 않다. 최근(2013년)에 약 5,400 ha의 면적에 망고스틴을 재배하였는데 주로 남부의 메콩델타지역이 대부분을 차지하였다. 이곳에서는 약 4,500 톤의 과일이 생산되고 있다. 특히 벤뜨레 지역에서는 공식적으로 망고스틴을 특화시켜 투자와 발전을 시켜야 할 품목으로 선정했다.

● 식수(植樹)

베트남의 농장에서는 망고스틴의 어린 묘목을 생산하기 위하여 성장한 과수 아래와 차광막을 설치한 장소에 양묘장을 설치한다. 망고스틴 과수는 한 그루당 40~80 m^2의 면적이 필요하다. 그리고 망고스틴은 두리안durian이나 랑삿langsat, 람부탄rambutan 또는 코코넛coconut과 함께 재배하고 있다. 그렇기 때문에 단위면적당 과일의 산출고를 산정하기 어렵다.

● 수확과 산출고

베트남의 남부에서는 5~8월에 열매를 수확 가능하고, 특히 6~7월이 생산량이 가장 높다. 망고스틴은 일반적으로 8~10년의 장기간 시간이 소요되기 때문에 농민들이 망고스틴 산업에 뛰어들기 어렵게 만든다.

일반적으로 성숙한 과수는 한 그루당 200~2,000개 정도를 수확이 가능한 것으로 알려져 있고, 1 ha당 4.5톤이 생산되는 것으로 추정할 수 있다.

● Lai Thieu(Binh Duong) 지역

베트남의 작가이자 남부요리문화의 식견이 있는 전문가인 손남Son Nam씨에 의하면 망고스틴이 프랑스 선교사인 Melleret이 빈증 지역에 있는 교회에 심기 위하여 처음으로 망고스틴 묘목을 가지고 왔다는 것이다. 이 교회는 1771년 Alexander Rhodes경에 의하여 세워진 것으로 알려져 있다. 베트남의 최초의 망고스틴 나무는 여기에서 시작된 것일까? 이후 베트남은 프랑스의 식민지가 되면서 프랑스인들에 의해 재배되기 시작하였다. 비록 현재까지 특별한 상품화는 이루어지지 않았지만 빈증 지역의 망고스틴은 품질이 최고급이라고 한다. 현재는 빈증 지역의 Thuan An Town에는 약 1,500 ha 정도의 과수면적이 있는데, 이 가운데 70 %가 망고스틴 농장이라고 한다. 이는 망고스틴의 가치가 높기 때문인 것으로 이 지역의 농민들은 망고스틴이 그들의 생계이자 나라의 혼이요, 이 토지의 문화라는 것을 깨닫고 있다.

● Cho Lach(Ben Tre) 지역

망고스틴이 100여년 이전에 벤뜨레 지역에 소개되면서 이 지역의 대표적인 작물이 되었다. 특히, Cho Lach 구역의 Long Thoi 마을에는 약 4,000농가들이 있는데, 이 가운데 약 2,000농가들이 망고스틴 과수를 재배하고 있다. Cho Lach에서 망고스틴을 재배하고 있는 농민들은 점진적으로 GAP 기준 하에서 망고스틴을 생산하고자 시도하고 있다. 현재는 Cho Lach에서 생산되고 있는 망고스틴 과일은 품질이 매우 우수하여 지역시장과 해외시장의 수요를 감당하지 못하고 있다.

농장에서 망고스틴 판매

■ 호주

호주 망고스틴
http://ktemoc.blogspot.com/2012_12_01_archive.html

망고스틴은 기온과 습도가 높은 열대지역에서 잘 자라는 과수이다. 호주의 기후는 7~8월에 서늘하기 때문에 망고스틴을 재배할 수 있는 지역은 북부의 퀸즐랜드Queensland로 제한된다. 그러나 해발고가 높으면 기온이 낮아서 해발 500 m 이하에서만 재배가 가능하다. 기온이 5 ℃ 이하로 낮아지면 망고스틴 과수는 동해 피해로 죽을 수 있으며, 특히 어린 과수의 경우는 20 ℃ 이하에서는 성장이 현저하게 감소한다.

호주 퀸즐랜드
http://www.queensland-australia.com/media/images/map-australia.gif

또한, 상품성이 높은 과일을 생산하기 위해서는 토양습도가 높아야 하기 때문에 건기에는 관개가 필수적이다. 그러나 건기의 짧은 기간의 습도 스트레스는 꽃을 피우도록 유도하는데 필요하다.

망고스틴은 열대우림에서 하층에 자라는 식물이기 때문에 어린 시기에는 원활한 생장을 위해서는 그늘이 필요하다. 그러나 호주에서는 다른 종류의 수목을 이용한 차양은 농장의 유지 및 관리가 어려워 농민들이 꺼린다고 한다. 만약 인공적인 그늘을 원하면 약 30~50 %의 차양시설을 설치하고 4년 정도 묘목을 관리하면 적합하다. 식수 후 4년이 지나면 차양시설은 5~6월 사이에 제거하고 희석한 페인트[8] 또는 벤토나이트Bentonite[9]를 엷면 살포한다.

묘목장의 차양시설
https://davesgarden.com/community/forums/fp.php?pid=6495051

8 페인트의 희석비율은 페인트와 물의 비율을 1:20로 한다.

9 벤토나이트(Bentonite)는 화산재의 풍화토로 이루어진 점토의 일종이다. 흡수제 또는 충전재(充塡材)로 사용되기도 한다.

● 방풍림 시설

호주의 방풍림
http://static.panoramio.com/photos/large/37172740.jpg

망고스틴 과수는 바람으로 인해 습도가 낮아지면 개화와 열매결실에 심각한 피해를 입을 수 있다. 호주에서는 건기에 서늘한 남동풍이 불기 때문이다. 그래서 방풍림을 원하는 농장은 산림담당 관계부서에 도움을 청하면 적절한 방풍림 설치를 위한 적절한 정보 및 지원을 제공해준다. 방풍림은 건조기에 나뭇잎이 타는 것을 예방하여 과일 생산량을 증가시켜준다.

● 번식과 과수원 준비

망고스틴 과일에서 추출한 종자는 과육(果肉)을 완전히 제거시킨 후 파종하여야 한다. 일반적으로 종자는 1.0 g 이상 되는 것이 발아 및 생장이 우수하다. 작은 씨앗은 발아 및 생장속도가 느리다고 농부들은 이야기 한다.

과수원 조성을 위한 묘목은 유기물 토양인 토탄(土炭)과 모래를 1:1로 혼합한 것이 좋다. 종자를 파종하고 발아하여 뿌리가 자라면 250~400 mm 정도 깊이의 포트로 이식한다.

성장한 묘목은 줄기가 경화되거나 또는 약 2년 정도 성장하면 노지에 이식한다. 노지로 이식은 우기의 초에 실시해야 하며, 이식 구덩이는 묘목을 길렀던 포트보다 커야 하고 깊이 0.5 m와 넓이 0.5 m 정도가 좋다. 그리고 원활한 과수의 성장을 위해서는 주기적으로 완효성 비료 및 퇴비를 주고, 강우시 물이 고이지 않도록 흙을 쌓아 올리는 게 좋다.

노지의 식재는 5~6 m 간격으로 1 ha당 200~280그루 정도의 밀도로 하고, 과수가 성장하면 10~12 m 간격으로 솎아내어 수관의 경쟁을 피하게 한다.

일반적으로 망고스틴 과수는 접목을 선호하지 않는다. 왜냐하면 접목부위의 하단부에서 발육이 크게 저해되고 맹아가 많이 발생하기 때문이다. 그리고 맹아는 과일의 무게를 지탱

망고스틴 과수원
http://s3.amazonaws.com/readers/2011/02/25/mangosteentree2rz_1.jpg

하기 어렵기 때문에 지주를 설치해야 하는 번거로움도 발생하게 된다.

● 비료주기

과수의 생장기는 비료의 요구량이 적기 때문에 유지비가 많이 소요되지 않는다. 그러나 성숙해서 열매를 맺는 과수는 다른 과수와 같이 높은 생산성을 위하여 보다 많은 비료 시비를 필요로 한다. 비료의 양은 수령, 성장과 발달단계 등에 따라서 시비량이 달라진다. 일반적으로 과수의 원활한 생장을 위해 한 그루당 0.2 kg 정도의 돌로마이트(白雲岩)dolomite를 뿌리고, 계분(鷄糞)도 2 kg 정도를 시비하는 것이 좋다.

망고스틴 나무 성장단계별 시비내용

수령	권고사항
비결실 과수	N:P:K(15:6.5:12)와 미세영양소 0.5-1.0kg을 4회/년 시비
결 실 과수	N:P:K:Mg(12:12:17:2) 비료를 2.5kg/년 시비

전정(剪定)

과수의 영양분 경쟁을 완화하기 위해 가지의 전정은 필수이다. 또한 전정을 통해서 죽은 가지나 병들고 부러진 가지 또는 기형으로 생긴 가지를 제거하는 관리도 필요하다. 줄기는 적어도 3 m 정도 곧게 자라게 유도하는 게 바람직하다. 그래서 어린 과수의 경우는 줄기에서 자란 곁가지는 제거한다.

망고스틴 과수 전정 방법
http://www.pepesplants.com/uploads/4/3/2/8/4328872/__1314305768.jpg

● 수확 및 수확 후 저장

과일의 색깔이 초록에서 붉은 색으로 변화되면 과일이 익어서 수확할 때가 되었음을 표시하는 것이다. 과일의 색깔이 붉은 색일 때 나무에서 수확하면 과일의 보관과 저장이 용이하다. 완전히 성숙한 자색의 과일은 유통과정에서 변하기 때문에 저장성이 낮다. 성숙한 과일은 충격에 상처를 쉽게 받을 수 있으므로 손으로 수확하며 가능하면 과일의 줄기가 붙어 있도록 해야 한다.

퀸즐랜드에서는 해거리 현상 때문에 수확량이 많은 해 다음에는 2~3년간 수확량이 급감한다. 주요 수확시기는 3~6월이고 10~12월에도 소량의 수확이 가능하다. 그러나 주요 수확기간에 수확량이 적으면 후반기의 수확량이 증가하는 경우도 있다. 산출고는 고정적인 것이 아니고 연간 한 그루당 200~1,000개 정도이다.

망고스틴을 10 ℃ 정도에서 저장하면 보관기간이 6주까지도 가능하다. 과일을 수확하면 깨끗하게 씻어서 과일 낱개의 무게에 따라서 등급을 매긴다. 포장은 동일한 품질의 붉은색 과일만을 골라서 포장한다. 일반적으로 과일은 폴리스티렌polystyrene이나 판지(板紙)에 단층으로 포장을 하는데 일반적으로 25~28개를 담는다.

호주의 열대과일 수확시기

과일/월	1	2	3	4	5	6	7	8	9	10	11	12
두리안	----	----	----	----							----	----
리치	----	----									----	----
망고									----	----	----	
망고스틴	----			----	----						----	----

● 경제학과 시장

망고스틴 재배 20년의 생산기간 동안에 산출고를 보면 5.55 톤/ha이고 농가가격은 $8/kg 정도가 손익분기점임을 시사한다. 초기에 5 ha의 과수원을 만들기 위해서 $191,100을 투자했으며 그 이후 매년 $73,333을 투자하였다. 망고스틴의 단기적 전망은 첫 열매를 맺는 시기가 오래 걸려서 상업적 수확시기가 늦어서 그리 밝은 편은 아니라고 할 수 있다. 과수를 잘 재배하면 완전한 소득은 아마도 15년째부터일 것으로 보인다.

■ 인도네시아

인도네시아와 인근 지역
http://www.operationworld.org/files/ow/maps/lgmap/indo-MMAP-md.png

인도네시아에서 발견되는 망고스틴 과수는 해발 800 m 이하의 저지대에서 자라고 있다. 대부분 서부지역이 생산 중심지인데, 수마트라Sumatra, 자바Java, 발리Bali, 그리고 서부 누사 텡가라West Nusa Tenggara에서도 재배되고 있다. 망고스틴은 연중 수확이 가능하지만 주요 수확기는 9월부터 이듬해 4월까지이다. 망고스틴 과일의 총생산량은 연간 약 3만~7만 톤 수준인데, 그

중에서 고품질 망고스틴은 타이완, 싱가포르, 홍콩, 말레이시아, UAE United Arab Emirate, 사우디아라비아 Saudi Arabia, 그리고 네덜란드 Netherlands 등의 나라에 수출되고 있다.

자색(紫色)의 망고스틴은 비타민, 미네랄, 항산화제를 함유한 고도의 영양분이 많은 과일 또는 식물성 보조식품으로 인기가 높은 수퍼푸드 super-food 이다. 또한, 망고스틴은 전통적으로 습진이나 마른버짐, 열, 설사, 방광염, 이질 등과 같은 피부염증 조건들을 치유하는데 사용되어 왔다. 특히 망고스틴은 강력한 항산화제이며 항염증제이다.

인도네시아는 풍부한 자연자원을 지닌 농업국이라고 알려져 있는 것과는 달리 과일 수출은 태국과 베트남보다 훨씬 뒤떨어져 있다. 왜냐하면 정부의 지원 부족으로 인한 저(低)품질 과일 생산 및 불안정한 생산량 등이 세계시장 진입에 걸림돌이 되고 있기 때문이다. 지난 2012년 12월에 중국은 과일 파리가 기생하는 인도네시아의 망고스틴의 수입을 거부하였다. 인도네시아의 전문가는 농민들에게 좋은 품질의 농산물을 생산할 수 있는 기술 개발이 필요하다고 주장하였다. 결국 정부는 생산자를 격려해서 좋은 농산물을 생산할 수 있도록 지원해야 한다는 것이었다. 그리고 과일의 생산 및 저장 기술의 결여도 큰 문제이다. 특히, 농장에서는 신선한 과일을 보관할 수 있는 저장시설이 거의 없다.

중앙통계국과 농업부의 데이터(2012년)에 의하면 연간 225,260 톤의 과일을 수출하고 있는데 과일생산량의 약 1 % 수준에 불과하다. 수출액은 2억 3,420만 달러 정도이다. 그러나 최대 열대 과일 수출국인 태국은 매년 1백만 톤 이상을 수출하고 있다. 인도네시아는 연간 834,463 톤의 과일을 수입하고 있고, 수입액은 8억 8,794만 달러로 무역적자액이 약 6억 5,375만 달러에 이르고 있다. 인도네시아에서 가장 많은 과일을 수출하는 품목은 파인애플로 연간 198,123 톤으로 수출량의 88% 수준이다. 그다음으로 망고스틴은 약 20,289 톤(2012년)으로 수출량의 9% 수준이다.

Chapter 6.

망고스틴의 병해충

■ 병해충

● 병(病)

서인도 제도(카브리해)에 위치한 푸에르토리코Puerto Rico에서는 그늘지고 습기가 있는 곳에서 자낭균(子囊菌)에 의해 발생하는 동고병(胴枯病)이 자주 발생한다. 동고병에 감염된 나뭇가지 및 줄기의 껍질은 갈색 또는 검은색의 작은 돌기를 볼 수 있는데 병반(病斑)이 진행되면 병든 부위 위쪽의 가지와 줄기는 말라 죽는다. 그리고 균의 포자는 물방울이나 비를 맞으면 분사하여 주변의 수목을 감염시킨다. 특히, 균은 숙주에 들어와 세포를 자극하여 세포의 형질과 조직을 변화시켜 이상 생장을 유발하는 암종병(癌腫病)을 일으킨다. 이러한 병이 발견되는 곳은 주로 태국, 말레이시아, 그리고 호주의 북부 퀸즐랜드 지역이다.

자색 망고스틴*Garcinia mangostana*의 어린잎에 자주 발생하는 반점병Pestalotiopsis은 태국에서만 발생한다. 병징은 잎에 작은 반점으로 나타나며 진전되면 구멍이 생긴다. 뿐만 아니라 추수 전후에는 과일을 썩게 만든다. 또한 어린잎은 잎마름병*leaf blight*에 잘 감염되지만 추수기에는 과일을 부패시키는 피해도 유발한다.

갈색뿌리썩음병*Phellinus noxius*은 동남아시아, 대양주, 중미, 아프리카의 열대 및 아열대 지역 등에서 광범위하게 분포되어 있다. 갈색뿌리썩음병은 광범한 기주 범위에 분포하며 뿌리간 접촉 혹은 오염된 토양 접촉에 의하여 확산되며 거의 모든 열대 과수들에서 발생된다. 태국에서 망고스틴 과일에 영향을 주는 중요한 병해는 과일썩음병*Diplodia theobromae*인데, 이는 2차 병원균으로서 상처를 통해서 전염된다.

● 충(蟲)

망고스틴 과수에 피해를 주는 해충은 거의 보고되지 않고 있다. 인도와 필리핀에서는 신초를 갉아먹는 모충caterpillar의 피해가 간혹 보고되고 있는데, 이는 독나방과Lymantridae 유충으로 판명되었다. 푸에르토리코에서는 작은 개미*Myrnelachista ramulorum*가 수목의 줄기와 가지에 구멍을 만들어 성장을 저해하는 피해를 주기도 한다. 그리고 진드기들이 과일을 깨물고 작은 상처를 만들어 외관을 상하게 하는 피해를 주는 경우도 있다고 한다. 자주 발생하는 피해는 아니지만 아열대 지역에서 잘 익은 열대 과일에 원숭이들이나 박쥐 그리고 쥐들이 피해를 주기도 한다.

■ 병해충의 방제

양호한 품질의 망고스틴 과일은 광채가 나고 상처가 없는 과일인데 평균 무게는 80 g/개 이상의 크기여야 한다. 병해충의 문제는 품질에 영향을 미치는 주된 요인이다. 망고스틴의 병충해 방제를 위해서는 다음과 같은 방법들이 사용되고 있다.

- ◆ 잎마름병과 수목 줄기의 궤양병을 최소화시키기 위해 강한 햇빛을 가리는 조치
- ◆ 병해 발생을 저감시키기 위하여 해충 및 태풍 등에 의한 상처 발생을 저감시키는 조치

- 적절한 수목 간격 및 전정을 통한 건전한 과수 관리
- 뿌리의 병해를 방제하기 위한 뿌리와 수간에 병원균을 방제하기 위한 살균제 사용

Chapter 7.

망고스틴의 건강혜택

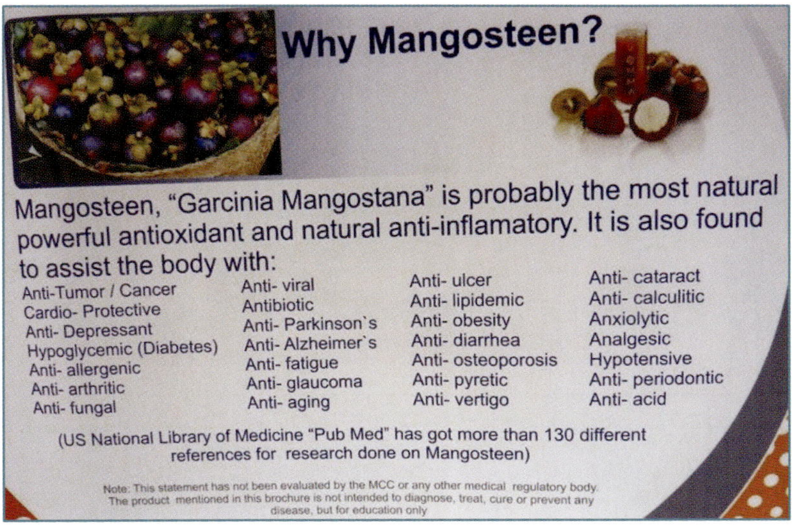

망고스틴의 건강혜택
http://media-cache-ec0.pinimg.com/736x/81/5f/56/815f562334a5a0573419bb5493c9e10a.jpg

망고스틴은 '아시아에서 과일의 여왕'Asia's Queen of Fruits으로 불리고 있다. 또한 아주 오랜 기간 동안 전통적인 의약품의 일부로 사용되어왔다. 망고스틴의 건강혜택은 18세기 이후 널리 알려지게 되었으며, 그 효과는 점차 과학적으로 증명되고 있다. 망고스틴의 중요한 성분은 껍질에 다량 함유된 크산톤이다. 이는 강력한 항(抗)산화제이다.

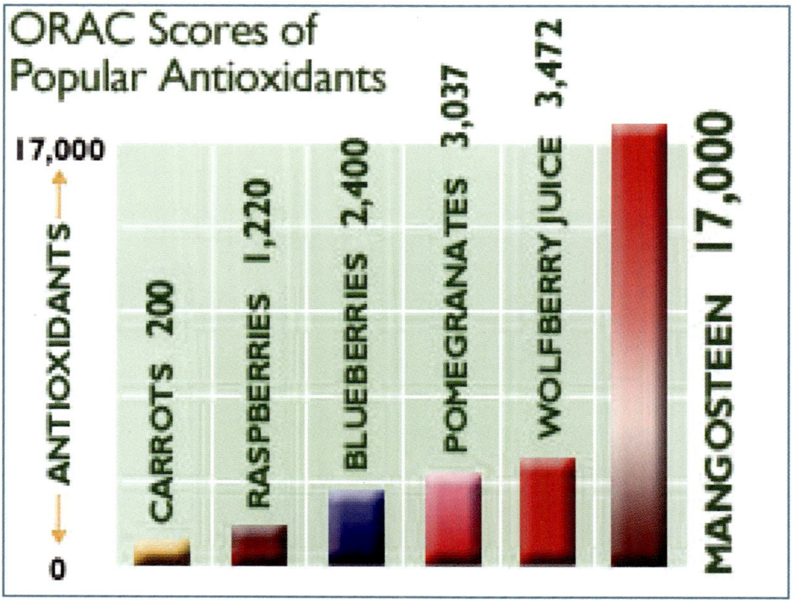

망고스틴의 항산화지수(Oxygen Radical Absorbance Capacity/100g)
http://www.naturalhomecures.net/mangosteen/images/stories/mangosteensoracvalues.jpg

■ 정력 증강

하루 종일 상쾌하고 기운이 넘치는 것보다 더 좋은 것은 없다. 대부분의 사람들은 하루 일과를 마치고 퇴근하면 피곤해지는 게 정상적인 삶의 일부라고 받아들이지만 사실은 그렇지 않다. 망고스틴에 함유된 영양분은 사람들에게 상쾌함과 활력도를 증진시켜 준다.

■ 통증 완화 : 항(抗)염증

망고스틴에 함유된 크산톤은 지금까지 발견된 다른 과일의 식물성 생리활성 물질보다도 빠르게 염증을 해소시키는 효과를 지니고 있다. 따라서 크산톤은 통증을 치유하는데 효과적이다. 만성적인 저(低)수준의 염증은 물론이고 당뇨병, 암, 관절염, 알츠하이머병, 팔목터널증후군, 심장병 등에도 효과가 있다. 따라서 크산톤은 독한 화학약품을 대신해 염증관련 통증을 완화시킬 수 있는 성분이다. 이와 관련해서 Kenneth J. Finsand 박사는 다음과 같이 설명하고 있다. "크산톤은 망고스틴에서 발견된 모든 성질 중에서 가장 뛰어난 성분이다. 내가 30여년 의료생활을

하는 동안 지켜본 가장 뛰어난 항(抗)염증제이다.” 또한, 많은 사람들은 망고스틴 주스가 관절염증과 통증을 감소시킬 수 있다고 믿고 있다. 실제 동물실험에서 망고스틴이 뛰어난 항(抗)염증 효과가 있는 것으로 밝혀지고 있다. 그리고 인체에 대한 연구에서 망고스틴 주스는 C반응성 단백질CRP의 혈액수준을 낮추는 데에 도움을 준다고 보고한바 있다. C반응성 단백질은 염증과 관련이 있는 물질인데 내장의 염증, 결핵성 피부병인 낭창(狼瘡), 그리고 류머티스성 관절염과 같은 광범위한 감염이나 질환에 의해서 야기될 수 있는 염증물질이다. 그러나 관절염이 있는 모든 사람이 증가된 C반응성 단백질을 갖지 않았다. 따라서 망고스틴 주스가 관절염 증상을 치유할 수 있다고 말하기에는 아직 시기상조라고 할 수 있다. 망고스틴은 이름이 망고와 비슷하지만 망고와는 관련이 없다. 망고스틴은 신선과일 이외에도 주스나 캡슐 형태로 판매되기도 한다.

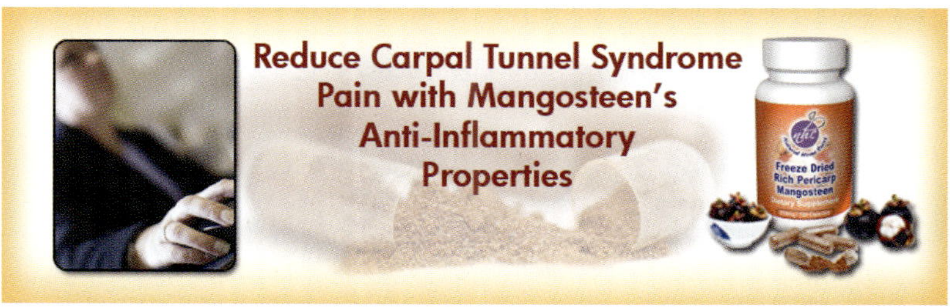

망고스틴의 항(抗)염증효과
http://naturalhomecures.net/mangosteen/images/stories/mangosteen-carpal-tunnel-syndrome.jpg

망고스틴의 항(抗)염증 기능은 염증 치료제인 덱사메서손 Dexamethasone의 효과와 비교되고 있다. 그러나 덱사메서손은 배탈upset stomach, 위 염증stomach irritation, 구토vomiting, 두통 headache, 현기증dizziness, 불면증insomnia, 우울증depression, 불안 anxiety, 여드름acne, 그리고 불규칙적이거나 아예 월경이 없는 현상irregular or absent menstrual periods 등의 부작용을 들 수 있다. 특히, 약을 복용하고 피부발진skin rash 및 얼굴과 다리 등이 부어오르는 부종(浮腫), 지속적인 감기, 근육약화, 검거나 혹은 혈변 등이 발생하면 즉시 의사와 상의를 해야 한다.

미국의 유명한 심리학자 Anthony Robbins는 말하기를 "당신의 에너지 수준이 높을수록 당신의 신체는 더욱 효율적이다. 신체의 효율이 높으면 기분이 더 좋아지고, 당신의 재능은 뛰어난 결과를 창출하는데 사용하게 된다."고 했다. 당신의 몸이 강건하도록 노력해야 당신이 하는 일에 발전이 있다. 이러한 맥락에서 망고스틴은 좋은 식품이라고 할 수 있다.

■ 체중 감소

지방이 없는 근육질의 신체를 자랑하는 사람이 부러운가? 그리고 수영장에서 옷을 벗기가 당황스러운가? 많은 연구결과에서는 과체중이 심장병, 순환기 문제, 그리고 호르몬의 불균형과 같은 건강위험에 주요 역할을 한다는 것을 밝히고 있다. 미국인들의 경우에는 20세 이상의 사람들 중에서 2/3가 최소 20 파운드(약 9.1 kg) 정도가 과체중이다. 이러한 원인은 인스턴트식품 등과 같이 바쁜 생활 스타일에 적응하기 위한 포장 식품일 가능성이 높다.

체중감량을 위해서는 운동과 식품이 중요
http://www.idietitian.in/wp-content/uploads/2015/11/weight-loss-programs-diet.jpg

당신의 복부에 스페어타이어와 같은 주름살이 있다면 체중 감소를 위한 식이요법이 필요하다. 그러나 식이요법을 통한 체중감량은 배고픔에서 오는 고통을 싫어하기 때문에 두려워할 것이다. 일부 사람들은 매일 샐러드를 먹는 것이 유일한 체중감량 방법이라고 생각한다. 그러나 이것은 체중 감소를 위한 시작에 불과하다. 중요한 것은 샐러드 식이요법으로 얼마나 버틸 수 있느냐는 것이다. 왜냐하면 우리는 토끼가 아니기 때문이다.

우리 주위에는 다양한 식이요법이 존재하고 있다. 예를 들면, 지방을 태우는 알약으로 3일 만에 20파운드(약 9.1 kg) 정도의 체중을 줄일 수 있다는 광고도 있다. 그러나 알약을 이용한 식이요법은 아직까지 아무런 효력이 없다고 알려져 있다. 망고스틴은 신진대사를 증가시켜 지방을 태우는 효과가 있다. 이와 더불어 운동과 적절한 식사요법을 동시에 실행한다면 상당한 체중이 감소될 것이다.

■ 심장병

심장병은 흔히 '침묵의 살인자'라고 불리는 병중의 하나이다. 그것은 심장병이 발생하기 전까지는 아무런 증상이 나타나지 않는다는 것이다. 심장병은 유전적인 영향이 있고, 운동을 꾸준히 하고 있는 건강한 사람들에서도 나타날 수 있는 위험한 병이다. 망고스틴의 항균성 그리고 항산화 효과가 동맥의 혈소판과 미세한 부분까지 구조적으로 완벽하게 유지하여 심장병의 발생을 저감시켜 준다.

심장병 발생 주요 원인
http://www.buzzle.com/img/articleImages/550043-5761-10.jpg

■ 고혈압

고혈압은 또 다른 '침묵의 살인자'이다. 고혈압은 비록 대개 유전적인 것으로 밝혀졌으나 자신을 보호하기 위한 조치를 취할 수 있다. 동맥경화증은 동맥에 혈소판을 형성할 수 있는 조건이 되어서 동맥을 좁게 만들고 혈류를 제한되게 한다. 크산톤은 혈소판의 형성을 방해하여 고혈압의 해로운 결과를 일부 저감시켜준다. 동시에 크산톤은 처음부터 고혈압을 만드는 낮은 수준의 염증을 감소시킨다.

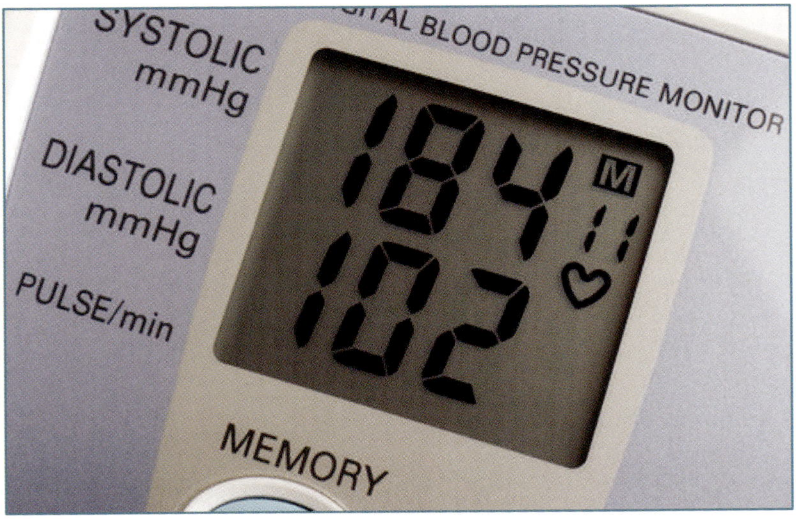

심각한 고혈압
http://www.langkawi-yoga.com/blog/wp-content/uploads/2011/03/High-Blood-Pressure-Reading1.jpg

■ 소화력

불규칙적인 대변을 보거나 내장이 더부룩하거나 위경련이 있는가? 이러한 증상은 인체에 좋은 느낌을 주지 않는다. 냉동 건조된 망고스틴 식품보조제를 복용하게 되면 소화력의 향상에 도움이 된다. 왜냐하면 망고스틴은 모든 영양소가 들어 있기 때문이다. 그리고 식이섬유로 가득 차 있어서 위의 규칙적 움직임에 도움을 주고 인체가 만들어 내는 위산의 양을 증가시킨다. 나이가 들면서 인체는 위산을 적게 생산하는 경향이 있기 때문에 위의 경련과 더부룩한 현상이 발생하는 것이다.

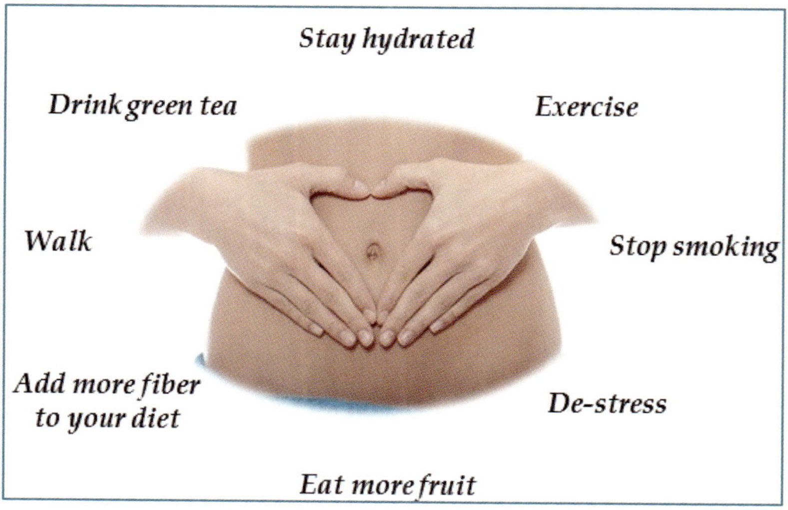

자연적인 소화문제 해결방안
http://positivedrugs.com/wp-content/uploads/2014/02/6.jpg

■ 요로 질환

남녀 모두 요(尿)실금이 발생하는데, 각기 다른 이유 때문에 일어난다. 남자들은 전립선이 확대되어서(비대현상) 불규칙적인 배뇨(排尿)작용이 일어나고, 여성들은 근육긴장이 감소하면 방광을 조절하는 근육이 약해지기 때문이다. 이러한 결과 '잔뇨' 현상이 발생된다. 말하자면 방광염으로 진전될 수 있다는 것이다. 소변은 그 자체가 무균액체이지만 박테리아가 소변을 온상으로 이용하는 것을 막을 수 없다. 그러나 망고스틴은 천연적인

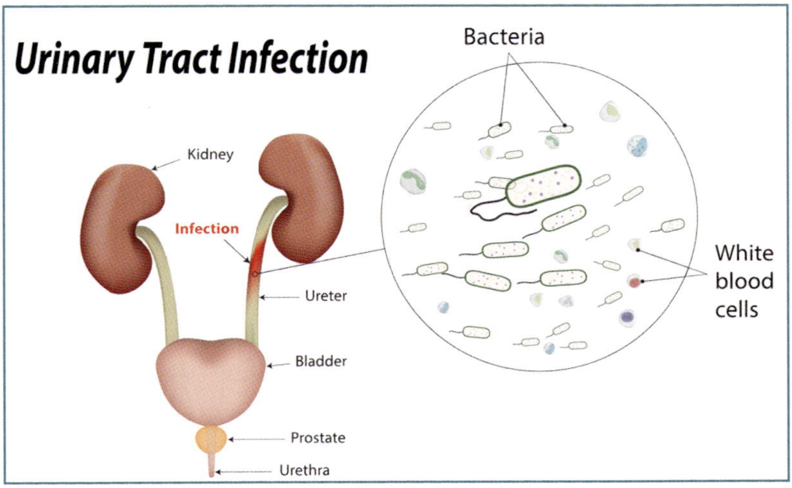

망고스틴 꽃
http://3.bp.blogspot.com/-zvCndoVTSx8/UP-rZiH_T2I/AAAAAAAAAJ8/ayiRzBlXhxA/s1600/6566798225_5d4e0eb2bf_z.jpg

항균성 및 항세균성 특성을 지녀서 방광염으로부터 자유롭고 더 편안하게 만들 수 있다.

■ 천식

대부분 천식은 유전적 요인으로 발생하는 불행한 질환 중의 하나이다. 유일한 '해결책'은 해로운 코르티코이드의 사용이다. 비록 시중에는 천식 약물치료법이 많을지라도 그 약물들은 모두 겉은 다를지라도 결국은 스테로이드 물질이다.

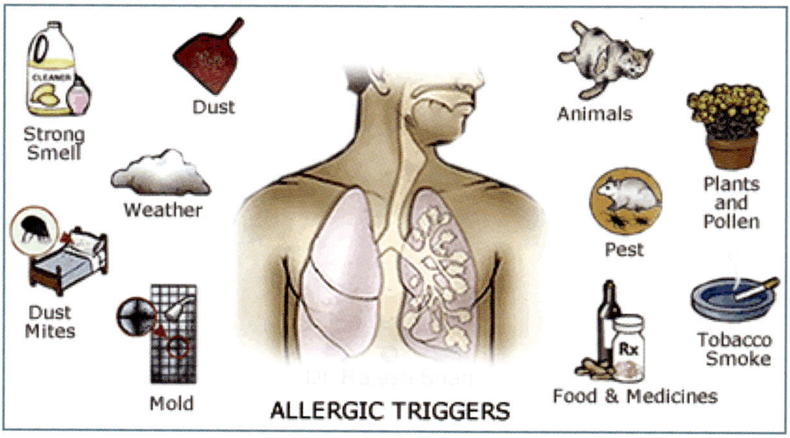

천식 유발 주요인
http://www.askdrshah.com/app/asthma/images/factors-casusing-asthma-allergies.gif

망고스틴의 크산톤이 천식을 치료하는 또 다른 방법을 제공할 수도 있다. 강력한 항염증 효과는 천식증후군을 일으키는 폐염증을 제한적으로 치유할 수 있도록 도움을 줄 수 있다. 대체적인 치유법을 원하면 역시 냉동 건조된 망고스틴 식품보조제를 사용하여 도움을 얻을 수 있다.

■ 당뇨병

'미국의 전염병'이라고 불렸던 당뇨병은 인슐린에 대한 민감도의 감소가 그 특징이다. 당뇨병에 대한 치료방법은 없지만, 식생활에 관한 주의와 운동 등 생활습관 변화로 당뇨병을 관리를 할 수는 있다. 만성적인 염증은 흔히 간과하고 있는바 당뇨병을 악화시키는 주범 중의 하나이다. 망고스틴의 크산톤은 신체의 염증을 낮게 함으로써 항당뇨약에 대한 의존율을 감소시키는 데 도움을 줄 수 있다.

당뇨병의 주요 원인
http://www.artorganism.org/wp-content/uploads/2015/02/diabetes.png

■ 심적 자각증세

노화로 인한 피해는 파킨슨병과 치매를 유발하는 주요인 중의 하나이다. 망고스틴에서 발견되는 항산화제를 복용하여서 우리 자신을 보호할 필요가 있다. 그 뿐만 아니라 망고스틴은 인체의 에너지와 활력을 증진시켜서 행복한 삶을 영위하도록 도움을 줄 것이다.

침착하게 앉아 있을 수 없고, 집중할 수 없으며 예전처럼 기억을 할 수 없는가? 기억을 할 수 없거나 시간에 맞춰서 임무를 마칠 수 없어서 화가 나는가? 중요한 일이나 숫자, 날자, 사람, 그리고 장소 등을 자주 잊어버리는가? 시험 합격에 애를 먹거나 연설문을 기억하는 것이 어려워서 애를 먹는가? 만일 위의 질문들에 대한 답이 한 가지라도 '예'라면 망고스틴 섭취를 권장한다. 크산톤은 신체에서 뇌를 비롯한 모든 부분에서 산화되는 피해를 경감시키기 때문이다.

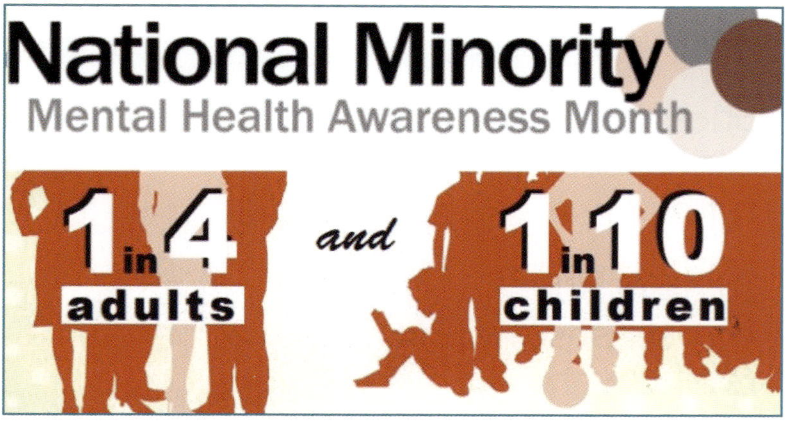

성인(25%)과 청소년(10%) 심적 자각증세
http://gallagherhomehealthservices.com/national-minority-mental-health-awareness-month/

■ 알레르기

과도한 알레르기 때문에 행복한 삶을 살 수 없는가? 미국에서는 100인 중에서 약 17명이 알레르기 질환을 지니고 있거나 알레르기에 매우 예민한 상태이고, 특히 일부 물질에는 비정상적인 반응을 야기하는 것으로 알려진 사실을 아는가? 만일 자

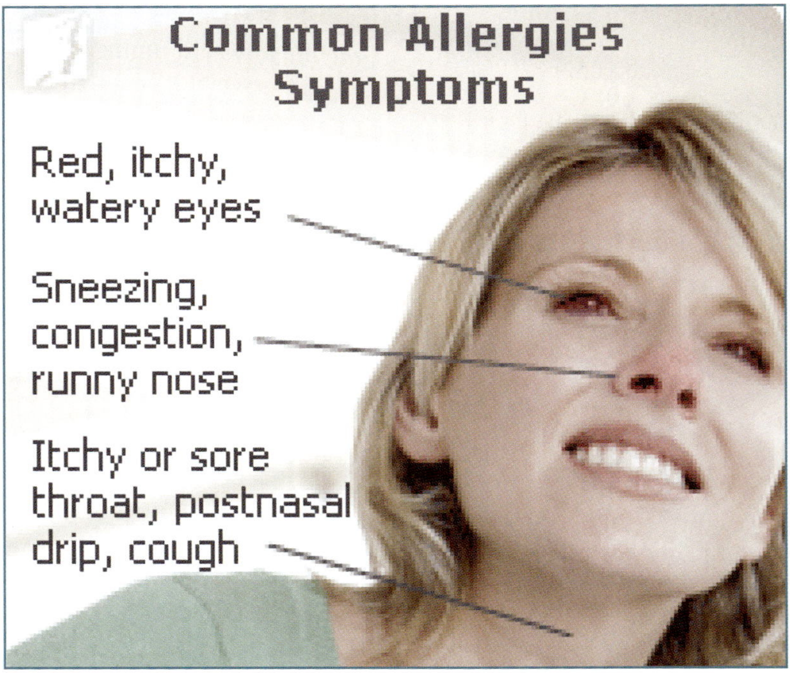

일반적인 알레르기 증후군
http://www.34-menopause-symptoms.com/pics/allergies.gif

신이 재채기를 하고 숨을 헐떡거리고 눈이 가려운 것이 단순한 감기증상이 아니라는 것을 깨닫게 되면 그것이 바로 알레르기 현상이다.

알레르기는 '외부의 침입자들'로 간주되는 요인들에 대한 면역체계의 과도한 반응에 의해서 발생하는 현상이다. 인체의 면역체계의 공통적인 반응은 공격적인 요인들을 시험하고 씻어내려는 염증반응을 조장하는 것이다. 이와 꼭 같은 반응은 양파를 자를 때 눈에 눈물이 나는 것과 같다. 그러나 알레르기의 특성은 그 반응을 나타내도록 만드는 물질이 인체에 전혀 해로운 것이 아니라는 점이다. 꽃가루나 또는 음식 알레르기를 생각하면 이해가 된다. 망고스틴은 천연적인 항염증 물질을 함유해서 알레르기 치료약품이 지니는 해로운 결과를 발생시키지 않고 인체의 알레르기 치유를 하는 데에 사용될 수 있다.

■ 전염병

세균성 감염은 냉동 건조된 망고스틴 보조식품으로 쉽게 치유될 수 있을 것이다. 왜냐하면 크산톤이 천연적으로 항균성 물질이기 때문이다. 박테리아는 흔히 치료하기가 어려운데, 이는 박테리아가 측면의 유전인자를 이용해서 어떤 박테리아든지 유전자 정보를 다른 어떤 박테리아로부터 통합할 수 있기 때문이다. 이것은 단 한 개의 박테리아라도 항생제나 면역체계로부터 살아남게 되면 박테리아 게놈의 '생존'부분을 접촉하게 되는 다른 박테리아에게 넘겨주어서 다시 번식을 하게 된다는 것을 의미한다.

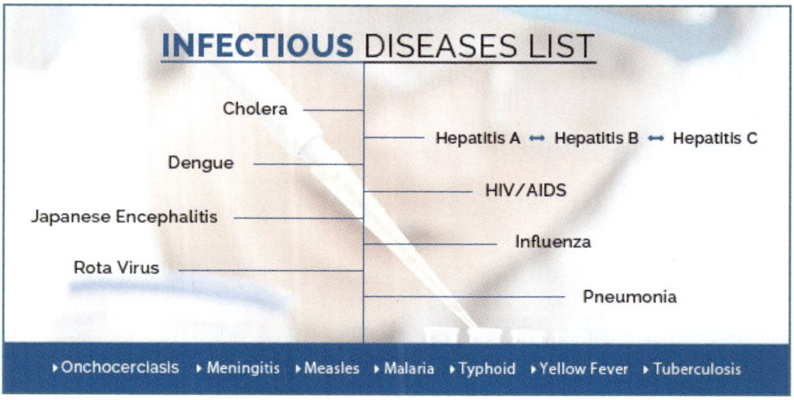

전염병 리스트
http://www.organsofthebody.com/images/infectious-diseases-list.jpg

이것은 우리를 두렵게 만든다. 그러나 두려워할 필요가 없다. 냉동 건조된 망고스틴 식품보조제를 매일 복용하면 어떤 박테리아가 발생하든지 통제할 수 있으며, 면역체계를 최고수준으로 유지하여 건강과 튼튼한 신체를 유지할 수 있다.

■ 우울증

우울증은 미국에서 가장 흔한 심적인 병의 하나이다. 보도된 바에 의하면 거의 6개월마다 약 950만 명의 미국인들이 우울증 형태의 병으로부터 고통을 받고 있다고 한다. 저녁 뉴스시간에 TV를 켜면 우울증의 결과에 대한 것을 발견하게 될 것이다. 사랑하는 가족이 우울증으로 고통을 받고 있다는 것을 의심조차도 하지 못했던 부모나 가족들이 우울증 초기 발견에 대한 대화를 하게 될 것이다.

우울한 청년의 고독한 모습
http://media.salon.com/2013/09/depression_obsessive_compulsive1.jpg

우울증은 성인들뿐만 아니라 청소년들에게도 나타나는 병이다. 요즘에는 심각한 우울증의 영향력 하에서 십대 또는 십대 이전의 아이들까지도 폭력적 행동을 범하는 것을 단 하루도 빠짐없이 발견하는 것 같다. 우울증은 끝이 없다. 아무나 우울증을 가질 수 있다. 우울증은 차별하지 않는다. 우울증에 걸린 사람의 공통된 증상은 힘이 없고 무기력한 느낌을 갖는 것이다. 망고스틴은 여러 가지 방법으로 우울증에 대항하는데 도움을 줄 수 있다. 망고스틴은 소파에서 일어나 운동을 하러가는데 필요한 에너지를 공급한다. 그리고 망고스틴은 취침 효과가 있는 세로토닌serotonin과 인체의 활력을 돕는 나이아신niacin의 선구물질인 트립토판[10]의 생산을 증가시킨다.

■ 콜레스테롤

높은 콜레스테롤 수준에 놀라고 있는가? 두 종류의 콜레스테롤 즉, 고밀도 리포 단백질high density lipoprotein, HDL과 저밀도 리포 단백질low density lipoprotein, LDL 중에서 염려스러운 것은

10 트립토판은 동물의 생육에 필요한 아미노산의 일종이다.

LDL이다. 예를 들어, 피아노 건반에 알약을 떨어뜨리는 것과 왁스를 떨어뜨리는 것을 상상해보라. 알약은 튕겨나가서 아무런 해도 주지 않는다. 그러니 왁스는 건반의 틈새로 흘러들어가서 건반에 달라붙는다. 이때 알약은 HDL이고 왁스는 LDL이다. 냉동 건조된 망고스틴 식품보조제에 함유되어 있는 크산톤은 LDL 혈소판이 축적되는 것을 예방할 수 있다.

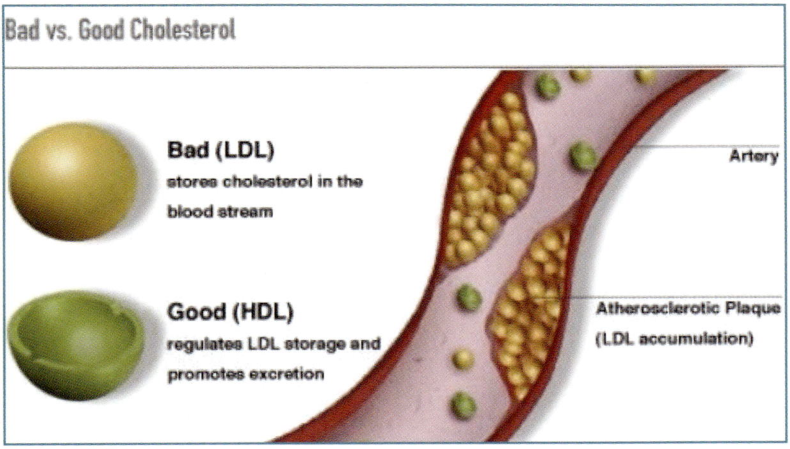

좋은 콜레스테롤과 나쁜 콜레스테롤
http://worldtruth.tv/wp-content/uploads/2012/06/cholesterol.jpg

■ 신장 결석

콩팥 또는 신장 결석은 석회화 질환으로서 믿을 수 없을 정도로 고통스러운 질환이다. 이는 결국에 요도를 통해서 배출되는데 이를 제거하는 수술은 쉽지 않다. 망고스틴을 처음 이용하는 대부분의 사람들은 이전보다 더 자주 소변을 보게 되는 것을 발견할 수 있다. 이것은 소변을 빠르게 내보내고 동시에 요도를 깨끗하게 청소를 해서 신장결석을 내보내고 감염을 예방하는 것을 돕는다.

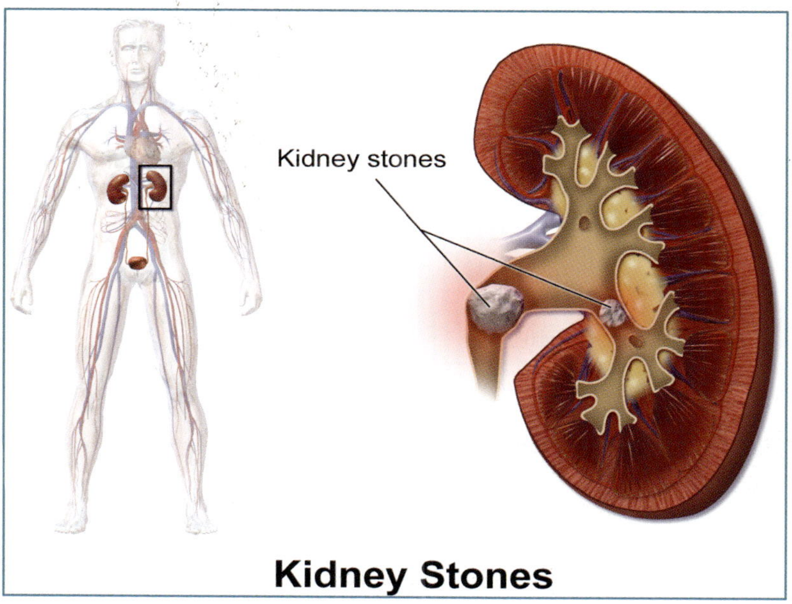

신장결석
http://www.access2knowledge.org/wp-content/uploads/2015/01/What-Causes-Kidney-Stones.png

참고문헌

http://agri.wu.ac.th/msomsak/ThaiAgri/Mangosteen/Mangosteen33.JPG

http://alittleparadiseofmine.blogspot.kr/2012/02/saturday-morning-at-my-mums-fruit.html

http://chinesefood.about.com/library/blasianfruit.htm

https://davesgarden.com/community/forums/fp.php?pid=6495051

http://d1fkw8life356y.cloudfront.net/content/wp-content/uploads/2015/02/How-to-Naturally-Heal-Urinary-Tract-Infection_FT.jpg

http://www.edibleplantsinvietnam.com/uploads/1/2/6/8/12680760/1552301_orig.jpg

https://en.wikipedia.org/wiki/Greater_Sunda_Islands

https://en.wikipedia.org/wiki/Lesser_Sunda_Islands

http://forums.gardenweb.com/discussions/2183908/mangosteen-seeds-on-ebay

http://fruitmaven.com/wp-content/gallery/mangosteen/mangosteen-segments.jpg

http://gallagherhomehealthservices.com/national-minority-mental-health-awareness-month/

http://health-zoom.worldwideshoppingmall.co.uk/K1464.jpg(우)

http://herba.berita1.com/mangosteen-fruit

http://i.ebayimg.com/00/s/NjAwWDUwNw==/z/2H0AAOSwpDdVDlMS/$_35.JPG

http://image.slidesharecdn.com/isdefense-120117094358-phpapp02/95/mangosteen-marketing-plan-in-south-korea-1-728.jpg?cb=1326815447

http://images.iherb.com/l/GTI-00067-7.jpg

http://img.21food.com/20110609/product/1306164995988.jpg

http://imgc.allpostersimages.com/images/P-473-488-90/30/3061/U7EDF00Z/posters/russell-young-mangosteen-fruit-cambodia.jpg

http://jefferyboyle.com/wp-content/uploads/2010/11/joe-morton-thailand-mangosteen.jpg

http://importfood.com/media/rtfc1101_1l.jpg

http://i204.photobucket.com/albums/bb45/julesism11/P1010268.jpg

http://ktemoc.blogspot.com/2012_12_01_archive.html

http://mangosteen-anti-cancer.blogspot.com/2012/09/How-to-mangosteen-seeds.html

http://media-cache-ec0.pinimg.com/736x/1d/32/68/1d3268d6dac953424852cfdc36f53209.jpg

http://media-cache-ec0.pinimg.com/736x/18/a7/fa/18a7fac4073a3f787132ae6f31898405.jpg

http://media-cache-ak0.pinimg.com/736x/92/28/f7/9228f75c3a0681b7da7aa265586922f3.jpg

http://media-cache-ec0.pinimg.com/736x/81/5f/56/815f562334a5a0573419bb5493c9e10a.jpg

http://media.salon.com/2013/09/depression_obsessive_compulsive1.jpg

http://naturalhomecures.net/mangosteen/images/stories/mangosteen-carpal-tunnel-syndrome.jpg

http://positivedrugs.com/wp-content/uploads/2014/02/6.jpg

http://rfcarchives.org.au/Next/CaringForTrees/DelayedIncompat119-2-01.htm

http://royaltropics.com/about-mangosteen.html

http://static.panoramio.com/photos/large/37172740.jpg

http://s3.amazonaws.com/readers/2011/02/25/mangosteentree2rz_1.jpg

http://theartofhealing.com.au/shopping/components/com_virtuemart/shop_image/product/Nature_s_Goodnes_5073d401224af.jpg

http://toptropicals.com/catalog/uid/GARCINIA_MANGOSTANA.htm

http://toptropicals.com/pics/garden/04/fruit/0913.jpg

https://toptropicals.com/pics/garden/04/fruit/0915.jpg

https://visualbanquet.files.wordpress.com/2011/10/malacca_mangosteen_bags_sml-3166.jpg

http://worldtruth.tv/wp-content/uploads/2012/06/cholesterol.jpg

http://1.bp.blogspot.com/-_GZ464bLg1o/UAlJERdfl_I/AAAAAAAAAm4/bzotF_LFDV4/s1600/mangosteen+trees.jpg

http://2.bp.blogspot.com/-lcquJZs9NIc/UFXzZ4hVv-I/AAAAAAAABeE/B-QGUqEA6tA/s1600/Mangosteen001.jpg

http://3.bp.blogspot.com/-zvCndoVTSx8/UP-rZiH_T2I/AAAAAAAAAJ8/ayiRzBlXhxA/s1600/6566798225_5d4e0eb2bf_z.jpg

http://4.bp.blogspot.com/-OF5cxbvqYbE/Tzh2u9T3OAI/AAAAAAAAALk/Vw2iyO8VStI/s1600/free-radicals.gif

http://888fruits.com/public/img/map2.jpg

http://www.access2knowledge.org/wp-content/uploads/2015/01/What-Causes-Kidney-Stones.png

http://www.artorganism.org/wp-content/uploads/2015/02/diabetes.png

http://www.askdrshah.com/app/asthma/images/factors-casusing-asthma-allergies.gif

http://www.buzzle.com/img/articleImages/550043-5761-10.jpg

http://www.eat-4health.com/en/images/mangosteen.jpg

http://www.edwardandsons.org/wp-content/uploads/2010/10/mangosteen-rambutan-group-shot.jpg

http://www.engineeredlifestyles.com/h/twitter/mangosteen-xanthone-cancer-prevention-agent.jpg

http://www.evolution-slimming.com/store/images/uploads/Mangosteen-Render.jpg

http://www.farocompany.com/faro-images/Faro%20Mangosteen%20Powder%20-%20Single.jpg

http://www.gourmetfury.com/photos/mangosteen8.png

http://www.idietitian.in/wp-content/uploads/2015/11/weight-loss-programs-diet.jpg

http://www.langkawi-yoga.com/blog/wp-content/uploads/2011/03/High-Blood-Pressure-Reading1.jpg

http://www.naturalhomecures.net/mangosteen/images/stories/mangosteensoracvalues.jpg

http://www.organsofthebody.com/images/infectious-diseases-list.jpg

http://www.operationworld.org/files/ow/maps/lgmap/indo-MMAP-md.png

http://www.pepesplants.com/uploads/4/3/2/8/4328872/__1314305768.jpg

http://www.pesoreserve.com/2009/06/rebuilding-better-philippines.html

http://www.queensland-australia.com/media/images/map-australia.gif

http://www.seewoo.com/misc/image/3519/220/300/false

http://www.thehindu.com/multimedia/dynamic/01967/25tvpt-mangosteen3_1967304f.jpg

■ 저자

안영상 (Young-Sang Ahn)
전남대학교 농업생명과학대학 산림자원학부 임학전공 부교수

김인석 (In-Seok Kim)
전남대학교 농업생명과학대학 농업경제학과 부교수

박준근 (Joon-Keun Park)
전남대학교 농업생명과학대학 농업경제학과 명예교수

열대과일 시리즈 Ⅵ

망고스틴 MANGOSTEEN

인 쇄 | 2017년 2월 15일
발 행 | 2017년 2월 20일

저 자 | 안영상 · 김인석 · 박준근
Young-Sang Ahn, In-Seok Kim, Joon-Keun Park

발행인 | 정병석
발행처 | 전남대학교출판부
등 록 | 1981. 5. 21. 제53호
주 소 | 500-757 광주광역시 북구 용봉로 77
전 화 | (062) 530-0571~3
팩 스 | (062) 530-0579
홈페이지 | http://www.cnup.co.kr

값 12,000 원

ISBN 978-89-6849-379-9 (93520)

이 도서의 국립중앙도서관 출판예정도서목록(CIP)은 e-CIP홈페이지(http://www.nl.go.kr/ecip)와 국가자료공동목록시스템(http://www.nl.go.kr/kolisnet)에서 이용하실 수 있습니다.
(CIP제어번호: CIP2017003922)